全国科学技术名词审定委员会

公　　布

科学技术名词·自然科学卷（全藏版）

23

天　文　学　名　词

CHINESE TERMS IN ASTRONOMY

天文学名词审定委员会

国家自然科学基金资助项目

科　学　出　版　社

北　京

内 容 简 介

本书是全国科学技术名词审定委员会审定公布的第二版天文学名词，对1987年公布的《天文学名词》作了少量修正，增加了一些新词，并对第一部分的名词基本上都给出了定义或注释。本书内容包括第一部分的天文学、天体测量学、天体力学、天体物理学、天文学史、天文仪器、星系和宇宙、恒星和银河系、太阳、太阳系10类，以及第二部分的天体和天象名等共2290条，是科研、教学、生产、经营以及新闻出版等部门使用的天文学规范名词。

图书在版编目(CIP)数据

科学技术名词. 自然科学卷：全藏版 / 全国科学技术名词审定委员会审定. —北京：科学出版社，2017.1

ISBN 978-7-03-051399-1

I. ①科… II. ①全… III. ①科学技术–名词术语 ②自然科学–名词术语 IV. ①N61

中国版本图书馆CIP数据核字(2016)第314947号

责任编辑：高素婷 / 责任校对：陈玉凤

责任印制：张 伟 / 封面设计：铭轩堂

科学出版社 出版

北京东黄城根北街16号

邮政编码：100717

http://www.sciencep.com

北京厚诚则铭印刷科技有限公司印刷

科学出版社发行 各地新华书店经销

*

2017年1月第 一 版 开本：787×1092 1/16

2017年1月第一次印刷 印张：10 3/4

字数：308 000

定价：5980.00元(全30册)

全国科学技术名词审定委员会
第四届委员会委员名单

天文学名词审定委员会委员名单

第三届委员（1990—1993）

主　任：李　竞

副主任：许邦信　叶式辉　赵君亮

委　员（按姓氏笔画为序）：

王传晋　卞毓麟　方　成　朱慈墭　全和钧
刘麟仲　孙　凯　李启斌　杨世杰　何妙福
何香涛　沈良照　杭恒荣　周又元　黄天衣
彭云楼　蔡贤德　潘君骅　薄树人

第四届委员（1993—1996）

主　任：李　竞

副主任：许邦信　叶式辉　卞毓麟

委　员（按姓氏笔画为序）：

王传晋　方　成　卢炬甫　朱慈墭　全和钧
刘　炎　刘麟仲　李启斌　杨世杰　肖耐园
吴智仁　何妙福　何香涛　沈良照　林元章
杭恒荣　周又元　赵君亮　彭云楼　潘君骅
薄树人

第五届委员（1996—　）

主　任：卞毓麟

副主任：黄天衣　赵君亮

委　员（按姓氏笔画为序）：

王传晋　方　成　卢炬甫　叶式辉　许邦信
朱慈墭　全和钧　刘　炎　刘麟仲　李启斌
李　竞　杨世杰　肖耐园　吴智仁　何妙福
何香涛　沈良照　林元章　杭恒荣　周又元
彭云楼　潘君骅　薄树人

卢嘉锡序

科技名词伴随科学技术而生,犹如人之诞生其名也随之产生一样。科技名词反映着科学研究的成果,带有时代的信息,铭刻着文化观念,是人类科学知识在语言中的结晶。作为科技交流和知识传播的载体,科技名词在科技发展和社会进步中起着重要作用。

在长期的社会实践中,人们认识到科技名词的统一和规范化是一个国家和民族发展科学技术的重要的基础性工作,是实现科技现代化的一项支撑性的系统工程。没有这样一个系统的规范化的支撑条件,科学技术的协调发展将遇到极大的困难。试想,假如在天文学领域没有关于各类天体的统一命名,那么,人们在浩瀚的宇宙当中,看到的只能是无序的混乱,很难找到科学的规律。如是,天文学就很难发展。其他学科也是这样。

古往今来,名词工作一直受到人们的重视。严济慈先生60多年前说过,"凡百工作,首重定名;每举其名,即知其事"。这句话反映了我国学术界长期以来对名词统一工作的认识和做法。古代的孔子曾说"名不正则言不顺",指出了名实相副的必要性。荀子也曾说"名有固善,径易而不拂,谓之善名",意为名有完善之名,平易好懂而不被人误解之名,可以说是好名。他的"正名篇"即是专门论述名词术语命名问题的。近代的严复则有"一名之立,旬月踟躇"之说。可见在这些有学问的人眼里,"定名"不是一件随便的事情。任何一门科学都包含很多事实、思想和专业名词,科学思想是由科学事实和专业名词构成的。如果表达科学思想的专业名词不正确,那么科学事实也就难以令人相信了。

科技名词的统一和规范化标志着一个国家科技发展的水平。我国历来重视名词的统一与规范工作。从清朝末年的科学名词编订馆,到1932年成立的国立编译馆,以及新中国成立之初的学术名词统一工作委员会,直至1985年成立的全国自然科学名词审定委员会(现已改名为全国科学技术名词审定委员会,简称全国名词委),其使命和职责都是相同的,都是审定和公布规范名词的权威性机构。现在,参与全国名词委领导工作的单位有中国科学院、国家科技部、国家教育部、中国科学技术协会、国家自然科学基金委员会、国家新闻出版署、国家质量技术监督局、国家广播电视总局、国家知识产权局和国家语委,这些部委各自选派了有关领导干部担任全国名词委的领导,有力地推动科技名词的统一和推广应用工作。

全国名词委成立以后,我国的科技名词统一工作进入了一个新的阶段。在第一任主任委员钱三强同志的组织带领下,经过广大专家的艰苦努力,名词规范和统一工作取得了显著的成绩。1992年三强同志不幸谢逝。我接任后,继续推动和开展这项工作。在国家和有关部门的支持及广大专家学者的努力下,全国名词委15年来按学科共组建了50多个学科的名词审定分委员会，有1800多位专家、学者参加名词审定工作，还有更多的专家、学者参加书面审查和座谈讨论等，形成的科技名词工作队伍规模之大、水平层次之高前所未有。15年间共审定公布了包括理、工、农、医及交叉学科等各学科领域的名词共计50多种。而且，对名词加注定义的工作经试点后业已逐渐展开。另外，遵照术语学理论，根据汉语汉字特点，结合科技名词审定工作实践，全国名词委制定并逐步完善了一套名词审定工作的原则与方法。可以说，在20世纪的最后15年中，我国基本上建立起了比较完整的科技名词体系，为我国科技名词的规范和统一奠定了良好的基础，对我国科研、教学和学术交流起到了很好的作用。

在科技名词审定工作中，全国名词委密切结合科技发展和国民经济建设的需要，及时调整工作方针和任务，拓展新的学科领域开展名词审定工作，以更好地为社会服务、为国民经济建设服务。近些年来，又对科技新词的定名和海峡两岸科技名词对照统一工作给予了特别的重视。科技新词的审定和发布试用工作已取得了初步成效，显示了名词统一工作的活力，跟上了科技发展的步伐，起到了引导社会的作用。两岸科技名词对照统一工作是一项有利于祖国统一大业的基础性工作。全国名词委作为我国专门从事科技名词统一的机构，始终把此项工作视为自己责无旁贷的历史性任务。通过这些年的积极努力，我们已经取得了可喜的成绩。做好这项工作，必将对弘扬民族文化，促进两岸科教、文化、经贸的交流与发展作出历史性的贡献。

科技名词浩如烟海，门类繁多，规范和统一科技名词是一项相当繁重而复杂的长期工作。在科技名词审定工作中既要注意同国际上的名词命名原则与方法相衔接，又要依据和发挥博大精深的汉语文化，按照科技的概念和内涵，创造和规范出符合科技规律和汉语文字结构特点的科技名词。因而，这又是一项艰苦细致的工作。广大专家学者字斟句酌，精益求精，以高度的社会责任感和敬业精神投身于这项事业。可以说，全国名词委公布的名词是广大专家学者心血的结晶。这里，我代表全国名词委，向所有参与这项工作的专家学者们致以崇高的敬意和衷心的感谢！

审定和统一科技名词是为了推广应用。要使全国名词委众多专家多年的劳动成果——规范名词——成为社会各界及每位公民自觉遵守的规范，需要全社会的理解和支持。国务院和4个有关部委[国家科委(今科学技术部)、中国科学院、国家教委(今教育部)和新闻出版署]已分别于1987年和1990年行文全国，要求全国各科研、教学、生产、经营以及新闻出版等单位遵照使用全国名词委审定公布的名词。希望社会各界自觉认真地执行，共同做好这项对于科技发展、社会进步和国家统一极为重要的基础工作，为振兴中华而努力。

值此全国名词委成立15周年、科技名词书改装之际，写了以上这些话。是为序。

卢嘉锡

2000年夏

钱三强序

科技名词术语是科学概念的语言符号。人类在推动科学技术向前发展的历史长河中,同时产生和发展了各种科技名词术语,作为思想和认识交流的工具,进而推动科学技术的发展。

我国是一个历史悠久的文明古国,在科技史上谱写过光辉篇章。中国科技名词术语,以汉语为主导,经过了几千年的演化和发展,在语言形式和结构上体现了我国语言文字的特点和规律,简明扼要,蓄意深切。我国古代的科学著作,如已被译为英、德、法、俄、日等文字的《本草纲目》、《天工开物》等,包含大量科技名词术语。从元、明以后,开始翻译西方科技著作,创译了大批科技名词术语,为传播科学知识,发展我国的科学技术起到了积极作用。

统一科技名词术语是一个国家发展科学技术所必须具备的基础条件之一。世界经济发达国家都十分关心和重视科技名词术语的统一。我国早在1909年就成立了科技名词编订馆,后又于1919年中国科学社成立了科学名词审定委员会,1928年大学院成立了译名统一委员会。1932年成立了国立编译馆,在当时教育部主持下先后拟订和审查了各学科的名词草案。

新中国成立后,国家决定在政务院文化教育委员会下,设立学术名词统一工作委员会,郭沫若任主任委员。委员会分设自然科学、社会科学、医药卫生、艺术科学和时事名词五大组,聘任了各专业著名科学家、专家,审定和出版了一批科学名词,为新中国成立后的科学技术的交流和发展起到了重要作用。后来,由于历史的原因,这一重要工作陷于停顿。

当今,世界科学技术迅速发展,新学科、新概念、新理论、新方法不断涌现,相应地出现了大批新的科技名词术语。统一科技名词术语,对科学知识的传播,新学科的开拓,新理论的建立,国内外科技交流,学科和行业之间的沟通,科技成果的推广、应用和生产技术的发展,科技图书文献的编纂、出版和检索,科技情报的传递等方面,都是不可缺少的。特别是计算机技术的推广使用,对统一科技名词术语提出了更紧迫的要求。

为适应这种新形势的需要,经国务院批准,1985年4月正式成立了全国自然科学名词审定委员会。委员会的任务是确定工作方针,拟定科技名词术语审定工作计划、实施方案和步骤,组织审定自然科学各学科名词术语,并予以公布。根据国务院授权,委员会审定公布的名词术语,科研、教学、生产、经营以及新闻出版等各部门,均应遵照使用。

全国自然科学名词审定委员会由中国科学院、国家科学技术委员会、国家教育委员会、中国科学技术协会、国家技术监督局、国家新闻出版署、国家自然科学基金委员会分别委派了正、副主任担任领导工作。在中国科协各专业学会密切配合下,逐步建立各专业审定分委员会,并已建立起一支由各学科著名专家、学者组成的近千人的审定队伍,负责审定本学科的名词术语。我国的名词审定工作进入了一个新的阶段。

这次名词术语审定工作是对科学概念进行汉语订名,同时附以相应的英文名称,既有我国语言特色,又方便国内外科技交流。通过实践,初步摸索了具有我国特色的科技名词术语审定的原则与方法,以及名词术语的学科分类、相关概念等问题,并开始探讨当代术语学的理论和方法,以期逐步建立起符合我国语言规律的自然科学名词术语体系。

统一我国的科技名词术语,是一项繁重的任务,它既是一项专业性很强的学术性工作,又涉及到亿万人使用习惯的问题。审定工作中我们要认真处理好科学性、系统性和通俗性之间的关系;主科与副科间的关系;学科间交叉名词术语的协调一致;专家集中审定与广泛听取意见等问题。

汉语是世界五分之一人口使用的语言,也是联合国的工作语言之一。除我国外,世界上还有一些国家和地区使用汉语,或使用与汉语关系密切的语言。做好我国的科技名词术语统一工作,为今后对外科技交流创造了更好的条件,使我炎黄子孙,在世界科技进步中发挥更大的作用,作出重要的贡献。

统一我国科技名词术语需要较长的时间和过程,随着科学技术的不断发展,科技名词术语的审定工作,需要不断地发展、补充和完善。我们将本着实事求是的原则,严谨的科学态度作好审定工作,成熟一批公布一批,提供各界使用。我们特别希望得到科技界、教育界、经济界、文化界、新闻出版界等各方面同志的关心、支持和帮助,共同为早日实现我国科技名词术语的统一和规范化而努力。

钱三强

1992年2月

前　　言

《天文学名词》第一版及其海外版分别出版于1987和1989年，是经全国科学技术名词审定委员会(原名为全国自然科学名词审定委员会)批准公布，并确定为科研、教学、生产、经营以及新闻媒体和出版等部门使用的天文学规范名词。随后《天文学名词》所采用的体例被全国名词委作为此后审定公布的其他学科名词的范例。它们是：一、收录的词主要是天文学中经常出现的专业基本词；二、每一汉语名词均配以符合国际习惯用法的英文或其他外文名；三、对一些新词和概念易于混淆的名词加上定义性注释；四、汉语名词按学科分支和天体层次分类排列；五、正文之后另加若干天文专用名和天体专名的附表；六、备有英汉索引和汉英索引。

1989年，全国科学技术名词审定委员会下达审查第二版《天文学名词》的任务。对新版本的要求是：一、对第一版做必要的修订，增补必要的基本名词；二、增添新出现的重要的天文学名词；三、除第一版中已注释的100个名词外，将第一版内其余的基本名词以及第二版新入选的天文学名词全部加上定义或注释。1990年，天文学名词审定委员会拟就第二版的编辑和审定计划。从1991到1995年，经过五次全体委员的审定，于1996年定稿。1998年经全国科学技术名词审定委员会复审后批准公布。

《天文学名词》第二版共收天文学名词2 290条。其中第一部分的基本名词和新名词共1 897个，比第一版第一部分的基本名词多收325个。除“宇宙”、“时间”和“空间”三个最上位词以及“证认”和“定标”等极个别名词外，所有名词全部加上了定义或注释。第二部分列出星座、黄道十二宫、二十四节气、星系、星团、星云、恒星、天然卫星、月面和流星群共10个附表，删除了第一版附表中的星际分子。共收录天体和天象的专名393个，其中50个为新天体。《天文学名词》第二版备有英文索引和汉文索引。

天文学名词审定委员会
1998年9月

编排说明

一、本书公布的是第二版天文学基本名词，在1987年公布的《天文学名词》的基础上进行了修订和补充，并给出了定义或注释。

二、本书的第一部分按学科分支分为天文学、天体测量学、天体力学、天体物理学、天文学史、天文仪器、星系和宇宙、恒星和银河系、太阳、太阳系10类。汉文名词按所属学科的相关概念体系排列，定义一般只给出基本内涵。汉文名后给出了与该词概念对应的英文（或其他外文）名。

三、本书的第二部分共有星座、黄道十二宫、二十四节气、星系、星团、星云、恒星、天然卫星、月面、流星群等10个专用名和天体名表。表内按中文、外文对照排列。

四、当一个汉文名有两个不同的概念时，其定义或注释用“(1)”，“(2)”分开。

五、一个汉文名对应几个英文同义词时，一般只配一个英文或最常用的两个英文，并用“,”分开。

六、英文词的首字母大、小写均可时，一律小写。

七、“[ ]”中的字为可省略的部分。

八、异名和定义中的条目均用楷体表示。“又称”为不推荐用名；“曾称”为被淘汰的旧名。

九、书末所附的英文索引，按英文词字母顺序排列；汉文索引按汉语拼音顺序排列。所示号码为该词在正文中的编码。索引中带“*”者为规范名的异名和定义中出现的词目。

目　　录

第　一　部　分

01. 天　文　学

01.001　天文学　astronomy

对天体及其他宇宙物质进行观测和理论研究的科学。

01.002　光学天文学　optical astronomy

在可见光、近紫外与近红外波段观测和研究天体和其他宇宙物质的天文学分支。

01.003　红外天文学　infrared astronomy

在红外波段观测与研究天体和其他宇宙物质的天文学分支。

01.004　紫外天文学　ultraviolet astronomy

在紫外波段观测与研究天体和其他宇宙物质的天文学分支。

01.005　射电天文学　radio astronomy

在无线电波段观测与研究天体和其他宇宙物质的天文学分支。

01.006　毫米波天文学　millimeter-wave astronomy

射电天文学的一个分支。覆盖的波长范围约为1—10mm。

01.007　亚毫米波天文学　submillimeter-wave astronomy

射电天文学的一个分支。覆盖的波长范围约为0.1—1mm。

01.008　X射线天文学　X-ray astronomy

在X射线波段观测与研究天体和其他宇宙物质的天文学分支。

01.009　γ射线天文学　γ-ray astronomy

在γ射线波段观测与研究天体和其他宇宙物质的天文学分支。

01.010　多波段天文学　multi-wavelength astronomy

在两个以上不同波段,对比观测与研究天体和其他宇宙物质的天文学分支。

01.011　地面天文学　ground-based astronomy

以地球表面的天文台和观测站为基地的天文观测研究。

01.012　空间天文学　space astronomy

在地球大气的高层、外层或行星际空间进行天文观测研究的学科。

01.013　实测天文学　observational astronomy

又称"观测天文学"。研究天文观测的技术和方法,并通过观测揭示天文现象的天文学分支。

01.014　普通天文学　general astronomy

天文学的基础部分。

01.015　CCD天文学　CCD astronomy

用CCD(电荷耦合器件)作为辐射接收器和探测器的实测天文学。

01.016　天体年代学　astrochronology

测定宇宙中各种类型天体的年龄的理论和方法。

01.017　天体　celestial body

宇宙中各种实体的统称。通常不把行星际、星际和星系际的弥漫物质以及各种微粒辐射流等称为天体。

01.018　天象　sky phenomena

古代对天空发生的各种自然现象的泛称。现代通常指发生在地球大气层外的现象。

01.019 空间 space

01.020 时间 time

01.021 亮度 brightness
观测者接收到的天体辐射的强度。

01.022 光度 luminosity
天体表面单位时间辐射的总能量,即天体真正的发光能力。

01.023 星等 magnitude
恒星和其他天体的亮度的一种量度。

01.024 星等标 magnitude scale
表示星等和天体亮度之间的数值关系。现代天文学规定 $m=-2.5\lg E$, m 是星等, E 是亮度。即两个星等之差若为 1,则所对应的亮度之比为 2.512 倍。

01.025 视星等 apparent magnitude
从地球上观测到的天体的星等。

01.026 绝对星等 absolute magnitude
天体光度的一种量度。假定天体距离为 10pc(秒差距)时的视星等。

01.027 距离模数 distance modulus
天体距离的一种量度,等于该天体的视星等减去绝对星等。

01.028 秒差距 parsec, pc
天体距离的一种单位。1pc 等于恒星周年视差为 1″(角秒)的距离,约等于 3.26 光年。

01.029 光年 light year
天体距离的一种单位。1 光年等于光在真空中一年内行经的距离,约等于 10^{13}km。

01.030 太阳质量 solar mass
天文学中的一种质量单位。等于太阳的质量,即 1.989×10^{30}kg。

01.031 太阳光度 solar luminosity
天文学中的一种光度单位。其值等于太阳的光度,即 3.826×10^{26}J/s。

01.032 太阳半径 solar radius
天文学中的一种长度单位。其值等于太阳的半径,即 6.9599×10^{5}km。

01.033 天文台 [astronomical] observatory
曾称"观象台"。从事天文观测和研究的机构。

01.034 观测站 observing station
从事一项或几项天文观测的台站。

01.035 天文馆 planetarium
专门从事传播天文知识的科学普及机构。

01.036 [天文]观测 [astronomical] observation
借助肉眼、聚光仪器或聚波仪器以及辐射探测器件对天体、宇宙和各种天象的观察、记录、测量和分析研究的统称。

01.037 地基观测 ground-based observation
在地球表面进行的天文观测。

01.038 肉眼观测 naked-eye observation
以人眼作为工具的天文观测。

01.039 巡天观测 sky survey
用同一方法和手段,对全天或部分天区进行的系统性观测。

01.040 同步观测 synchronous observation
同一时刻,在不同地点,对同一天体或同一天象进行的联合观测。

01.041 较差观测 differential observation
用相同的探测器、方法和手段，对两个或多个天体的对比观测。

01.042 偏带观测 off-band observation
将狭缝或光栏置于偏离待测的天体谱线或谱带之波长处的观测方法。

01.043 证认 identification

01.044 光学证认 optical identification
对非光学波段观测到的辐射源所对应的光学天体的搜寻和确认。

01.045 光学天体 optical object
在可见光波段观测到的天体。

01.046 光学对应体 optical counterpart
与非光学波段观测到的辐射源证认为1的光学天体。

01.047 证认图 finding chart, identification chart
指示待观测天体所在方位的天区图象。

01.048 导星 guiding
以观测对象或其附近天区内的恒星为目标，控制望远镜及其辐射探测器的运转，使之达到对观测目标的指向保持不变或按既定方式改变指向的步骤。

01.049 偏置导星 offset guiding
不以观测对象作为引导星的导星方式。

01.050 引导星 guiding star
供导星用的恒星。

01.051 极限星等 limiting magnitude
(1) 既定的光学望远镜在既定的观测台址，所能探测到的最暗的星等。(2) 星图和星表中所载天体的最暗星等。

01.052 极限曝光时间 limiting exposure
一架用于天文照相的望远镜，在既定的观测台址，受夜天光背景制约的最长曝光时间。

01.053 极限分辨率 limiting resolution
观测和测试系统所能达到的最高分辨率。

01.054 视宁度 seeing
评价观测台站在望远镜观测时间内的观测条件的一种天文气候标度。视宁度的优劣取决于大气湍动的大小。

01.055 视宁象 seeing image
星光通过地球的湍动大气后，在光学系统中呈现的图象。

01.056 视宁圆面 seeing disk
星光通过地球的湍动大气，在光学系统的焦平面上呈现的有一定直径的模糊圆。

01.057 星座 constellation
为了识别星空，按恒星在天球上的排列图象，将星空划分的区域。

01.058 星表 star catalogue
记载恒星或其他天体在天球上的位置以及其他参数的表册。

01.059 星图 star map
将恒星或其他天体在天球上的视位置投影在平面上，以表示它们的方位、亮度和形态的图片或照片。

01.060 星图集 star atlas
汇编成套的星空图册。

01.061 定标 calibration

01.062 定标星 calibration star
在天体测量和天体物理观测中用作参考标准的恒星。

01.063 定标源 calibration source

在天体测量和天体物理观测中用作参考标准的辐射源。

01.064 比较星 comparison star
在测光、光谱分类等天体物理观测中用作对比的恒星。

01.065 参考星 reference star
在确定天体的位置和运动时,用作参考标准的恒星。

01.066 标准星 standard star
在测光、光谱分类等天体物理观测中用作基准的恒星。

01.067 拱极星 circumpolar star
赤纬绝对值大于 80°的恒星;有时也指在低纬度地区可见其下中天的恒星。

01.068 前景星 foreground star
在同一视场内处在观测者和观测对象之间的恒星。

01.069 背景星 background star
在同一视场内,除观测对象以外的恒星。有时特指其中距离比观测对象更远的恒星。

01.070 正向天体 face-on object
扁平面或盘面朝向观测者的扁平结构天体。

01.071 侧向天体 edge-on object
边面朝向观测者的扁平结构天体。

01.072 极向天体 pole-on object
自转轴或磁轴指向观测者的天体。

01.073 端向天体 end-on object
顶端或底端朝向观测者的非球状天体。

01.074 视场 field of view
又称"象场(image field)"。一个天文观测装置在指向固定时,所能观测到的天区的大小。

01.075 象场改正 field correction
对由于光学系统的象差、观测设备制造和装校的缺陷,造成的象场中天体成象的位置和亮度的系统性失真的改正。

01.076 平场 flat fielding
按照观测天体的同样方式,用高度均匀的面光源照明 CCD 探测器所得的图象。

01.077 平场改正 flat field correction
用平场图象去改正 CCD 象元的不均匀性。

01.078 图象处理 image processing
依据不同的目的,用不同的方法,对天文图象进行加工和再现的技术。

01.079 图象综合 image synthesis
一种图象处理技术。对利用干涉原理得到相关信号的振幅和相位进行傅里叶变换处理,综合出提高了分辨率的图象。

01.080 图象复原 image restoration
一种图象处理技术。利用模拟数字处理方法,来改善地球大气湍动或观测仪器缺陷等因素所歪曲的天文图象。

01.081 误差框 error box
二维观测量的中误差。因在图上用一个矩形框的大小来表示而得名。

01.082 误差棒 error bar
一维观测量的中误差。因在图上用一根棒的长短来表示而得名。

01.083 选择效应 selection effect
在研究某种天文现象的规律或某一类天体的属性时,由于采样、观测仪器或处理方法的局限性,使所得结论偏离真实情况的效应。

01.084 选址 site testing

根据天文观测的特定要求，对台址候选地的自然条件和社会环境的考察和评估。

01.085 天文气候 astroclimate
影响天文观测的质量和数量的各种气候因素。

01.086 光污染 light pollution
影响光学望远镜所能检测到的最暗天体极限的因素之一。通常指天文台上空的大气辉光、黄道光和银河系背景光、城市夜天光等使星空背景变亮的效应。

01.087 生物天文学 bioastronomy
用天文方法研究地球以外生物现象的天文学分支学科。

01.088 地外生物学 exobiology
又称"外空生物学(xenobiology)"。研究太阳系其他行星及其卫星上和其他恒星的行星系上可能存在生命现象的理论，以及探讨探测方法和手段的交叉学科。

01.089 地外文明 extraterrestrial civilization
地球以外的天体上可能存在的智慧生物及其文明。

01.090 地外智慧生物 extraterrestrial intelligence
可能存在于地球外的对事物能认识、判断和处理，并有创造能力的生命。

01.091 地外生命搜寻 search for extraterrestrial life
用天文方法对地球以外可能存在的生命的探测。

01.092 独眼神计划 Cyclops project
美国于70年代初提出一项搜索地外文明的科学项目，包括由1 500面、口径100m抛物面天线阵组成的射电望远镜。

01.093 不明飞行物 unidentified flying object, UFO
又称"幽浮"。尚未判明和证认的空中飞行物的统称。

01.094 帕洛玛天图 Palomar Sky Survey
美国帕洛玛天文台和美国地理学会于50年代用口径122cm的施密特望远镜拍摄的北天蓝红双色深空照相天图。80年代开始摄制第二版，计划于90年代末完成。它是北天蓝红和近红外三色深空天图。

01.095 HD星表 HD Catalogue
全称"德雷伯星表(Henry Draper Catalogue)"。由美国哈佛大学于1918—1924年编辑出版，共载225 300个恒星的一元分类光谱型。

01.096 中国天文学会 Chinese Astronomical Society, CAS
中国天文学家和天文工作者的学术团体。成立于1922年，是中国科学技术协会领导的学会之一。

01.097 国际天文学联合会 International Astronomical Union, IAU
世界各国天文学家和天文学术团体联合组成的学术组织。成立于1919年。

02. 天体测量学

02.001 天体测量学 astrometry
天文学的分支，主要内容是测定和研究天体及地面点的位置和运动。

02.002　球面天文学　spherical astronomy
天体测量学的分支，主要内容是研究各种天球坐标系及时间系统的建立和转换。

02.003　实用天文学　practical astronomy
天体测量学的分支，主要内容是通过对天体的观测确定时间、地面点坐标和方位。

02.004　航海天文学　nautical astronomy
通过观测天体确定海面船只位置的学科。

02.005　天文导航　astronavigation, celestial navigation
通过观测天体确定航行中的船只、飞机或其他飞行器位置和航向的学科。

02.006　方位天文学　positional astronomy
天体测量学的分支，主要内容是测定各类天体的位置和运动。

02.007　基本天体测量学　fundamental astrometry
方位天文学的分支，主要内容是利用地面或空间光学仪器测定天体的位置和运动，综合编制基本星表。

02.008　照相天体测量学　photographic astrometry
方位天文学的分支，主要内容是利用照相方法测定天体的位置和运动，编制照相星表。

02.009　射电天体测量学　radio astrometry
利用射电天文技术，主要是射电天文干涉技术进行天体测量工作的学科。

02.010　空间天体测量学　space astrometry
利用空间技术在地球大气高层、外层或行星际空间进行天体测量工作的学科。

02.011　矢量天体测量学　vectorial astrometry
以三维矢量取代传统的球面三角作为运算工具描述天体测量学规律的学科。

02.012　天文地球动力学　astrogeodynamics
利用天文方法研究地球的各种运动状态及其力学机制的学科。

02.013　天球　celestial sphere
天文学中引进的以选定点为中心，以任意长为半径的假想球面，用以标记和度量天体的位置和运动。

02.014　天球坐标系　celestial coordinate system
天球上各种球面正交坐标系的统称。

02.015　地平坐标系　horizontal coordinate system
以地面上一点为天球中心，以该点的地平圈为基本平面的天球坐标系。

02.016　天顶　zenith
过天球中心的铅垂线向上延伸后与天球的交点。

02.017　天底　nadir
过天球中心的铅垂线向下延伸后与天球的交点。

02.018　地平圈　horizon
过天球中心且与铅垂线相垂直的平面与天球所交的大圆。

02.019　地平经圈　vertical circle
又称“垂直圈”。天球上过天顶的任意大圆。

02.020　地平纬圈　altitude circle
又称“平行圈”。天球上与地平圈相平行的任意小圆。

02.021　子午圈　meridian
过天极的地平经圈，与地平圈交于南点和

北点。

02.022 卯酉圈 prime vertical
与子午圈正交的地平经圈。与地平圈交于东点和西点。

02.023 方位角 azimuth
又称“地平经度”。地平坐标系的经向坐标,过天球上一点的地平经圈与子午圈所交的球面角。

02.024 地平纬度 altitude
地平坐标系的纬向坐标,从地平圈沿过天球上一点的地平经圈量到该点的弧长。

02.025 天顶距 zenith distance
天球上一点与天顶间的大圆弧长。

02.026 赤道坐标系 equatorial coordinate system
以天赤道为基本平面的天球坐标系。

02.027 天极 celestial pole[s]
过天球中心与地球自转轴平行的直线与天球相交的两个点,是北天极和南天极的总称。

02.028 北天极 north celestial pole
当以左手法则描述天球周日运动方向时,大拇指所指由天赤道划分的半个天球为北半天球,另半个天球为南半天球。北半天球包含的天极称为北天极。

02.029 南天极 south celestial pole
南半天球包含的天极称为南天极。

02.030 四方点 cardinal points
地平圈上东、南、西、北四点的总称。子午圈与地平圈的两个交点中距北天极小于90°的一点为北点,另一点为南点。与北、南两点相距90°,位于天体周日运动上升一边的一点为东点,另一点为西点。

02.031 天赤道 celestial equator
过天球中心与地球赤道面平行的平面与天球相交的大圆。

02.032 黄道 ecliptic
过天球中心与地球公转的平均轨道面平行的平面与天球相交的大圆。

02.033 春分点 vernal equinox, spring equinox
二分点之一,黄道对赤道的升交点。

02.034 秋分点 autumnal equinox
二分点之一,黄道对赤道的降交点。

02.035 二分点 equinoxes
黄道和天赤道的两个交点;春分点和秋分点的总称。

02.036 二分圈 equinoctial colure
天球上过天极和二分点的大圆。

02.037 二至点 solstices
黄道上与二分点相距90°的两个点,是夏至点和冬至点的总称。

02.038 二至圈 solstitial colure
天球上过天极和二至点的大圆。

02.039 夏至点 summer solstice
二至点中位于天赤道以北的一点。

02.040 冬至点 winter solstice
二至点中位于天赤道以南的一点。

02.041 赤经圈 circle of right ascension
天球上过天极的任意大圆。

02.042 赤纬圈 declination circle
天球上与天赤道相平行的任意小圆。

02.043 赤经 right ascension
赤道坐标系的经向坐标,过天球上一点的赤经圈与过春分点的二分圈所交的球面角。

02.044 赤纬 declination
赤道坐标系的纬向坐标,从天赤道沿过天球上一点的赤经圈量到该点的弧长。

02.045 时角 hour angle
过天球上一点的赤经圈与子午圈所交的球面角。

02.046 极距 polar distance
天球上一点与较近天极间的大圆弧长。

02.047 黄道坐标系 ecliptic coordinate system
以黄道为基本平面的天球坐标系。

02.048 黄极 ecliptic pole[s]
天球上与黄道相距 90°的两点,是北黄极与南黄极的总称。

02.049 北黄极 north ecliptic pole
北半天球包含的黄极称为北黄极。

02.050 南黄极 south ecliptic pole
南半天球包含的黄极称为南黄极。

02.051 黄赤交角 obliquity of the ecliptic
黄道平面与天赤道平面的交角。

02.052 黄道带 zodiac
天球上以黄道为中心线的一条宽约 18°的环带状区域,太阳、月球以及除冥王星外所有大行星的视运动轨迹都位于这条带内。

02.053 黄经圈 longitude circle
天球上过黄极的任意大圆。

02.054 黄纬圈 latitude circle
天球上与黄道相平行的任意小圆。

02.055 黄经 ecliptic longitude, celestial longitude
黄道坐标系的经向坐标,过天球上一点的黄经圈与过二分点黄经圈所交的球面角。

02.056 黄纬 ecliptic latitude, celestial latitude
黄道坐标系的纬向坐标,从黄道沿过天球上一点的黄经圈量到该点的弧长。

02.057 白道 moon's path
月球绕地球瞬时轨道面与天球相交的大圆。

02.058 银道坐标系 galactic coordinate system
以银道面为基本平面的天球坐标系。

02.059 银极 galactic pole[s]
天球上与银道相距 90°的两个点,是北银极与南银极的总称。

02.060 北银极 North Galactic Pole
北半天球包含的银极称为北银极。

02.061 南银极 South Galactic Pole
南半天球包含的银极称为南银极。

02.062 银道 galactic equator
银道面与天球相交的大圆。

02.063 银经 galactic longitude
银道坐标系的经向坐标,从银道上银心所在位置起沿银道量到过银极与天球上一点的大圆与银道交点的弧长。

02.064 银纬 galactic latitude
银道坐标系的纬向坐标,从银道沿过银极与天球上一点的大圆量到该点的弧长。

02.065 站心坐标 topocentric coordinate
以观测站为原点或天球中心的天体坐标。

02.066 地心坐标 geocentric coordinate
以地心为原点或天球中心的天体坐标。

02.067 日心坐标 heliocentric coordinate

以日心为原点或天球中心的天体坐标。

02.068 月心坐标 selenocentric coordinate
以月心为原点或天球中心的天体坐标。

02.069 行星心坐标 planetocentric coordinate
以行星中心为原点或天球中心的天体坐标。

02.070 质心坐标 barycentric coordinate
以天体系统（通常指太阳系）质心为原点或天球中心的天体坐标。

02.071 地球坐标系 terrestrial coordinate system
地球上用以确定地面点位置的坐标系。

02.072 地极 earth pole
地球自转轴与地面的交点。

02.073 形状极 pole of figure
(1) 天体形状轴（即最大惯量主轴）与天体表面的交点。(2) 过天球中心与形状轴平行的直线与天球的交点。

02.074 自转极 pole of rotation
(1) 天体自转轴与天体表面的交点。(2) 过天球中心与自转轴平行的直线与天球的交点。

02.075 角动量极 pole of angular momentum
(1) 天体角动量轴与天体表面的交点。(2) 过天球中心与角动量轴平行的直线与天球的交点。

02.076 赤道 equator
过天体中心且与天体自转轴相垂直的平面与天体表面相交的大圆。

02.077 子午线 meridian
过天体表面一点和自转轴的平面与其表面相交的弧线。

02.078 本初子午线 prime meridian
天体上过经度起算点的子午线。

02.079 格林尼治子午线 Greenwich meridian
原指过英国格林尼治天文台旧址的子午线，现被沿用称地球上的本初子午线。

02.080 历书子午线 ephemeris meridian
假定地球按历书时定义均匀自转所得的格林尼治子午线位置。

02.081 天文经度 astronomical longitude
过地球表面上一点的子午线与格林尼治子午线所交的球面角。

02.082 天文纬度 astronomical latitude
过地球上一点的铅垂线与赤道平面的交角。

02.083 赤道隆起 equatorial bulge
实际天体形状在赤道附近地区相对于球形的突起部分。

02.084 公转 revolution
天体绕天体系统的主天体或质心的轨道运动。

02.085 自转 rotation
天体或天体系统绕质心的定点旋转。

02.086 日运动 daily motion
太阳系天体在天球上相对于恒星背景每天的位移。

02.087 周日运动 diurnal motion
因地球自转引起的、以一天为周期的天体视运动。

02.088 周年运动 annual motion
因地球公转引起的、以一年为周期的天体视运动。

02.089　中天　culmination, transit
天体经过观测者的子午圈。上中天和下中天的总称。

02.090　上中天　upper culmination
天体周日运动中,地平高度最大时的位置。

02.091　下中天　lower culmination
天体周日运动中,地平高度最小时的位置。

02.092　天文三角形　astronomical triangle
由天极、天顶和天球上一点所构成的球面三角形。

02.093　星位角　parallactic angle
过天球上一点的赤经圈和地平经圈所交的球面角。

02.094　位置角　position angle
过天球上一点的任意大圆与过该点的参考大圆所交的球面角。

02.095　大气折射　astronomical refraction, atmospheric refraction
天体发出的辐射在经过地球大气层时所产生的折射现象,以及由上述现象所造成的天体观测方向的改变。

02.096　视差　parallax
天体方向因在不同位置观测引起的差异。

02.097　视差位移　parallactic displacement
因视差效应引起的天体视位置的改变量。

02.098　视差椭圆　parallactic ellipse
因周年视差效应引起的恒星视位置的椭圆形周年变化轨迹。

02.099　周年视差　annual parallax
地球公转轨道半长径对天体的最大张角,常用来量度天体的距离。

02.100　三角视差　trigonometric parallax
用三角方法测定的天体的视差。

02.101　地平视差　horizontal parallax
过观测者的地球半径对天体的最大张角。

02.102　周日视差　diurnal parallax
因观测者位置随地球自转改变而引起的天体的视差。

02.103　赤道地平视差　equatorial horizontal parallax
地球赤道半径对天体的最大张角。

02.104　太阳视差　solar parallax
太阳距地球为一天文单位处的赤道地平视差。

02.105　长期视差　secular parallax
因太阳空间运动引起的天体的视差。

02.106　光行差　aberration
天体方向因不同观测者之间的相对运动引起的差异。

02.107　周日光行差　diurnal aberration
地面与地心观测者相对运动引起的光行差。

02.108　周年光行差　annual aberration
地球与太阳系质心观测者的相对运动引起的光行差。

02.109　恒星光行差　stellar aberration
由光行差效应引起的恒星视位移,包括周日光行差、周年光行差和长期光行差。

02.110　行星光行差　planetary aberration
由光行差效应引起的太阳系天体视位移和光行时差的合成。

02.111　光行时　light time
光线从发播到接收所经历的时间。

02.112　光行时差　equation of light
对太阳系天体的观测位置应加的光行时改正。

02.113　长期光行差　secular aberration
因太阳系在星际空间运动而引起的天体的光行差。

02.114　岁差　precession
因地球自转轴的空间指向和黄道平面的长期变化而引起的春分点移动现象。

02.115　总岁差　general precession
又称“黄经岁差”。日月岁差和行星岁差的黄经分量之总和。

02.116　日月岁差　lunisolar precession
因日月引力矩作用,春分点沿固定历元的黄道长期运动的速率。

02.117　行星岁差　planetary precession
因行星的引力作用,春分点沿天赤道长期运动的速率。

02.118　测地岁差　geodetic precession
岁差中的广义相对论效应分量。

02.119　赤经岁差　precession in right ascension
总岁差的赤经分量。

02.120　赤纬岁差　precession in declination
总岁差的赤纬分量。

02.121　章动　nutation
地轴指向在空固坐标系中的周期变化。

02.122　日月章动　lunisolar nutation
因日月引力矩引起的天球历书极的章动。

02.123　黄经章动　nutation in longitude
因日月章动引起的春分点在黄道上的移动量。

02.124　交角章动　nutation in obliquity
因日月章动引起的黄赤交角的改变量。

02.125　测地章动　geodetic nutation
章动中的广义相对论效应分量。

02.126　二分差　equation of the equinoxes
又称“赤经章动”。日月章动的赤经分量。

02.127　自行　proper motion
(1) 恒星和其他天体相对太阳系在垂直于观测者视线方向上的角位移或单位时间内角位移量。(2) 太阳黑子相对于光球表面的运动。

02.128　本动　peculiar motion
(1) 恒星相对本地静止标准的运动。(2) 星系实际运动相对哈勃运动的偏离。

02.129　视差动　parallactic motion
因太阳系空间运动引起的恒星视运动。

02.130　视向速度　radial velocity
被测天体在视线方向上单位时间内的位移。

02.131　历元　epoch
作为时间参考标准的一个特定瞬时。

02.132　历元赤道　equator of epoch
某一历元的天赤道。

02.133　瞬时赤道　equator of date
对应某一时刻的天赤道,通常指观测瞬间的天赤道。

02.134　平赤道　mean equator
天赤道的瞬时平均位置,它的变化只包括岁差的影响。

02.135　平极　mean pole
(1)又称“平天极”。对应平赤道的天极。(2)地球形状极的平均位置。

02.136　平春分点　mean equinox
黄道对平赤道的升交点。

02.137　平黄赤交角　mean obliquity

黄道对平赤道的倾角。

02.138 平位置 mean place, mean position
天体在平赤道和平春分点构成的天球坐标系中的坐标。

02.139 真赤道 true equator
天赤道的瞬时位置,它的变化包括岁差和章动的影响。

02.140 真天极 true pole
对应于真赤道的天极。

02.141 真春分点 true equinox
黄道对真赤道的升交点。

02.142 真位置 true place, true position
天体在真赤道和真春分点构成的天球坐标系中的坐标。

02.143 视位置 apparent place, apparent position
相对于地心处观测者的天体观测位置。

02.144 天体测量位置 astrometric position, astrometric place
天文年历所载,参考于标准历元的坐标系并已加光行时改正的太阳系天体的位置。

02.145 贝塞尔日数 Besselian day number
天文年历所载,与恒星常数配合,作为恒星平位置与视位置换算所用的一组与时间有关的参量。

02.146 贝塞尔恒星常数 Besselian star constant
为恒星平位置与视位置换算所用的一组与恒星坐标有关的参量。

02.147 独立日数 independent day number
天文年历所载,以三角函数作为恒星平位置与视位置换算所用的一组与时间有关的参量。

02.148 空固坐标系 space-fixed coordinate system
以地心或太阳系质心为原点,相对河外天体无整体旋转的直角坐标系。

02.149 地固坐标系 body-fixed coordinate system, earth-fixed coordinate system
以地心为原点,相对地球本体无整体旋转的直角坐标系。

02.150 天球历书极 celestial ephemeris pole, CEP
消除周日极移的地球角动量极或其轴延伸与天球的交点,现行章动系列的参考极。

02.151 动力学参考系 dynamical reference system
以动力学理论为基础,由太阳系天体的星历表体现的准惯性系。

02.152 恒星参考系 stellar reference system
基本星表体现的准惯性系。

02.153 射电源参考系 radio source reference system
河外射电源位置表体现的准惯性系。

02.154 力学分点 dynamical equinox
太阳系天体的观测位置与动力学理论比较所确定的春分点位置。

02.155 星表分点 catalogue equinox
根据星表中恒星赤经所确定的春分点位置。

02.156 真恒星时 apparent sidereal time
真春分点的时角。

02.157 平恒星时 mean sidereal time
平春分点的时角。

02.158　格林尼治平恒星时　Greenwich mean sidereal time, GMST

平春分点对于本初子午线的时角。

02.159　真太阳时　apparent solar time

又称"视太阳时"。太阳时角加 12 小时。

02.160　平太阳　mean sun

在天赤道上运行的假想天体,其速度为太阳周年运动平均速度。

02.161　平正午　mean noon

平太阳上中天的瞬间。

02.162　平太阳时　mean solar time

又称"平时(mean time)"。平太阳时角加 12 小时。

02.163　时差　equation of time

真太阳时与平太阳时之差。

02.164　地方时　local time

春分点、太阳或平太阳相对于地方子午圈的时角(或加 12 小时)。

02.165　区时　zone time

地球表面按经度每跨约 15°划分为一个时区,每时区内统一采用中央子午线的地方平时。

02.166　日界线　date line

日期变更的地理界线,大致上与经度 180°子午线相合。

02.167　世界时　universal time, UT

相对于本初子午线的平太阳时。

02.168　夏令时　summer time, daylight saving time

按国家法令,在夏季及其前后实施的法定时间。

02.169　法定时　legal time

根据社会需要按国家法令实施的法定时间。

02.170　历书时　ephemeris time

按牛顿力学定律建立的太阳历表的时间参量。其秒长在 1960 年至 1968 年曾被采用为时间的基本单位。

02.171　地球时　terrestrial time, TT

曾称"地球动力学时(terrestrial dynamical time, TDT)"。IAU 规定的地心参考系的坐标时之一,用作视地心历表的时间变量。

02.172　地心坐标时　geocentric coordinate time, TCG

IAU 规定的地心参考系的坐标时之一。

02.173　质心坐标时　barycentric coordinate time, TCB

IAU 规定的太阳系质心参考系的坐标时之一。

02.174　质心力学时　barycentric dynamical time, TDB

IAU 规定的太阳系质心参考系的坐标时之一,为现行太阳系行星历表的时间变量。

02.175　原子时　atomic time

(1) 以原子跃迁的稳定频率为基准的时间尺度。(2)特指以铯-133(^{133}Cs)的基态超精细结构的跃迁频率确定的秒长计量的均匀时间。

02.176　国际原子时　International Atomic Time, TAI

由国际计量局综合全球数十个实验室的近二百台原子钟的读数,通过一定算法平均而得的时间计量系统。

02.177　协调世界时　coordinated universal time, UTC

以原子时为基准的一种时间计量系统,其时刻与世界时时刻差不超过±0.9s。

02.178 闰秒 leap second

为保持协调世界时接近于世界时时刻,由国际计量局统一规定在年底或年中(也可能在季末)对协调世界时增加或减少 1s。

02.179 时间服务 time service

天文工作部门为社会提供精确时间资料的系列化工作,包括测时、守时、播时和订时号改正数等环节。

02.180 测时 time determination

观测某种天文或物理过程,以被测对象处于某种运动状态的瞬时来计量时刻。

02.181 计时 timing

通过观测确定某一天文现象发生的时刻。

02.182 时号 time signal

时间服务部门为供实际应用而播发的载有时间标志的无线电讯号。

02.183 时号站 time signal station

根据其测时或守时结果发布时号的时间服务台站。

02.184 时号改正数 correction to time signal

时间服务部门经过精确的事后处理求得的对于已发播的时号所应加的改正数,以使时号所载的时间标称值精确化。

02.185 时间同步 time synchronism

通过一定的比对手段使两只钟时刻保持一致。

02.186 极移 polar motion

天球历书极在地面上的位移,以在一平面直角坐标系中的坐标表示。

02.187 纬度变化 latitude variation

地面上固定点的天文纬度随时间的变化。包括由极移引起的极性变化和由其他原因引起的非极性变化。

02.188 木村项 Kimura term

又称"Z 项"。日本天文学家木村在由实测纬度变化解算地极坐标的方程组中加入的一个未知数。其值反映各测站共同的非极性纬度变化。

02.189 钱德勒周期 Chandler period

地球极移的主要周期之一,约等于 430 天。

02.190 长期极移 secular polar motion

极移的长期分量。

02.191 国际协议原点 conventional international origin, CIO

国际统一采用的地极坐标原点,由 1903.0 历元的地球自转极的平均位置定义。

02.192 地球自转参数 earth rotation parameter, ERP

地极坐标和世界时的测定值之总称。

02.193 地球定向参数 earth orientation parameters, EOP

地球自转参数和章动两个分量改正的测定值之总称。

02.194 国际纬度服务 International Latitude Service, ILS

成立于 1899 年,由位于北纬 39°8′,经度分布大致均匀的若干个纬度站组成,使用相同的仪器和观测纲要,确定并发布地极坐标。

02.195 国际时间局 Bureau International de l'Heure(法), BIH

综合全球数十个天文台站测量结果开展时间和极移服务的国际机构,设于巴黎。1922 年成立,1988 年改组为国际地球自转服务。

02.196 国际极移服务 International Polar Motion Service, IPMS

综合全球数十个天文台站测量结果确定并

发布地极坐标的国际机构，设于日本水泽，1962 年由国际纬度服务（ILS）改组而成，1988 年起停止活动。

02.197 国际地球自转服务 International Earth Rotation Service, IERS
综合全球各个新技术观测处理中心的结果开展地球定向参数服务，建立协议天球和地球参考系的国际机构，设于巴黎。

02.198 日 day
以地球自转周期为基准的时间单位，等于 86 400s。

02.199 积日 day of year
从历年的第一天起连续累计的日数。

02.200 恒星日 sidereal day
春分点连续两次过同一子午圈的时间间隔。

02.201 太阳日 solar day
真太阳连续两次过同一子午圈的时间间隔。

02.202 平太阳日 mean solar day
平太阳连续两次过同一子午圈的时间间隔。

02.203 天文日 astronomical day
从正午开始计量的平太阳日。曾于 1925 年以前应用。

02.204 民用日 civil day
从子夜开始计量的平太阳日。

02.205 儒略日期 Julian date, JD
一种长期纪日法。从公元前 4713 年儒略历 1 月 1 日格林尼治平正午起连续累计平太阳日数及日的小数。

02.206 儒略日数 Julian day number
儒略日期的整数部分。

02.207 儒略历书日期 Julian ephemeris date, JED
从公元前 4713 年儒略历 1 月 1 日历书时 12 时起连续累计的历书日数及日的小数。

02.208 简化儒略日期 modified Julian date, MJD
儒略日期的一种简略表示，其值为JD－2 400 000.5 。

02.209 格林尼治恒星日期 Greenwich sidereal date, GSD
从公元前 4713 年儒略历 1 月 1 日格林尼治平恒星时 12 时起连续累计的恒星日数及日的小数。

02.210 月 month
以月球绕地球公转周期为基准的时间单位。

02.211 恒星月 sidereal month
月球相对于恒星背景运行一周的时间间隔。

02.212 朔望月 synodic month
月球连续两次合朔的时间间隔。

02.213 分至月 tropical month
又称“回归月”。月球黄经连续两次为零的时间间隔。

02.214 交点月 nodical month
月球连续两次过白道对黄道升交点的时间间隔。

02.215 近点月 anomalistic month
月球连续两次过近地点的时间间隔。

02.216 年 year
以地球公转周期为基准的时间单位。

02.217 历年 calendar year
历法规定的年，年长为整数日。

02.218 回归年 tropical year

又称“太阳年”。太阳平黄经变化 360°的时间间隔。

02.219 恒星年 sidereal year

平太阳连续两次过同一恒星黄经圈的时间间隔。

02.220 近点年 anomalistic year

太阳连续两次过近地点的时间间隔。

02.221 食年 eclipse year

又称“交点年”。太阳连续两次过月球轨道升交点的时间间隔。

02.222 贝塞尔年 Besselian year

以太阳平黄经等于 280°的瞬间为年首的回归年。

02.223 儒略年 Julian year

长度等于 365.25 日,以 2000 年 1 月 1.5 日(记作 J2000.0)为标准历元。

02.224 儒略世纪 Julian century

一百儒略年的时间长度,从 1984 年起作为所有天文历表的时间单位。

02.225 纪元 era

(1) 历法中顺序纪年的起算年份。(2) 历法中顺序纪年的体系。

02.226 格里历 Gregorian calendar

1582 年由罗马教皇格里高利十三世颁行的一种历法,即现行公历。历年平均长度为 365.2425 日。

02.227 儒略历 Julian calendar

十六世纪以前西方采用的一种历法,在公元 46 年由罗马统治者儒略·凯撒颁行。历年平均长度为 365.25 日。

02.228 平年 common year

阳历或阴历中无闰日的年,或阴阳历中无闰月的年。

02.229 闰日 leap day

(1) 阳历中为使其历年平均长度接近回归年而增设的日。(2) 阴历中为使其历月平均长度接近朔望月而增设的日。

02.230 闰月 leap month

阴阳历中为使历年平均长度接近回归年而增设的月。

02.231 闰年 leap year

阳历或阴历中有闰日的年,或阴阳历中有闰月的年。

02.232 闰余 epact

(1) 阳历岁首的月龄。(2) 阴阳历岁首后节气的月龄。

02.233 天文常数系统 system of astronomical constants

表示地球和太阳系其他天体的主要力学特性和运动规律的一组自洽的常数。

02.234 天文单位 astronomical unit

天文学中距离的基本单位,其长度接近于日地平均距离。

02.235 高斯引力常数 Gaussian gravitational constant

天文常数系统中的定义常数之一。在天文基本单位系统中其值定义为:0.017 202 098 95。

02.236 地月质量比 earth-moon mass ratio

天文常数之一。月球质量与地球质量的比值。

02.237 日心引力常数 heliocentric gravitational constant

天文常数之一。为引力常数与太阳质量的乘积。

02.238 底片比例尺 plate scale

天文底片上每单位长度所对应的天球上的角度值,由望远镜焦距而定。

02.239 底片常数 plate constant
照相天体测量工作中,用于转换底片上天体坐标的一组与底片有关的常数。

02.240 标准坐标 standard coordinate
(1) 为建立天体的赤道坐标与其底片上量度坐标间的联系而引入的一种直角坐标。(2) 为建立不同历元底片上天体量度坐标间联系而引入的一种直角坐标。

02.241 依数法 dependence method
照相天体测量工作中,利用与参考星坐标有关的一组参数(即依数)进行坐标转换的一种方法。

02.242 照相星表 photographic star catalogue
用照相方法测定的恒星位置和自行表。

02.243 较差星表 differential star catalogue
又称"*相对星表*"。由测定待测星与参考星的相对位置所编成的星表。

02.244 绝对星表 absolute star catalogue
不依赖任何参考星直接测定恒星位置和自行所编成的星表。

02.245 基本星表 Fundamental Catalogue
综合多本绝对星表编制而成的高精度恒星位置和自行表,用以体现恒星参考系。

02.246 卫星多普勒测量 satellite Doppler tracking
接收人造卫星所发射的无线电波的多普勒频移,以测定卫星轨道的技术。

02.247 激光测月 lunar laser ranging, LLR
从观测站向月面上后向反射器发射激光并接收反射光以测定地月距离的技术。

02.248 卫星激光测距 satellite laser ranging, SLR
从观测站向卫星上后向反射器发射激光并接收反射光以测定卫星距离的技术。

02.249 甚长基线干涉测量 very long baseline interferometry, VLBI
利用甚长基线干涉仪或甚长基线干涉仪阵,进行天体测量和天体物理研究的技术方法。

02.250 全球定位系统 Global Positioning System, GPS
由美国发射的二十四颗高轨道卫星组成的导航定位测时系统。

02.251 光干涉测量 optical interferometry
两架或两架以上的望远镜同时接收同一天体的光线,通过干涉进行天体测量和天体物理研究的技术方法。

02.252 时延 time delay
(1) 电磁波在介质中传播由于路径弯曲和速度变慢而引起的传播时间的延长。(2) 干涉测量中不同测站接收到同一波前的时间差。(3) 天文观测接收的讯号电流经过仪器电路产生响应所经历的时间。

02.253 扫描大圆 scanning great circle
空间天体测量卫星望远镜的视场中心随卫星自转在天球上扫描形成的大圆。

02.254 参考大圆 reference great circle
为处理空间天体测量观测资料,在若干扫描大圆中,取一平均位置作为归算各种参数的基准而选定的大圆。

02.255 姿态参数 attitude parameters
确定空间天体测量卫星望远镜的指向在天球上位置的一组参数,包括卫星自转轴的赤经、赤纬和望远镜扫描大圆与天赤道交点的角距。

02.256 局域惯性系 local inertial system
在每一个时空点的无穷小邻域内用闵可夫斯基度规张量表示的参考系。

02.257 自然基 natural tetrad
4 维时空中以观测者为原点的一个局域参考架,这时假定观测者在选定的时空参考系中为静止。

02.258 本征基 proper tetrad
4 维时空中以实际观测者为原点的一个局域参考架。

02.259 自然方向 natural direction
观测者以其自然基为参考架时测得的天体的方向。

02.260 本征方向 proper direction
观测者以其本征基为参考架时测得的天体的方向,与自然方向的差为周年光行差。

02.261 坐标方向 coordinate direction
观测者和天体连线方向的单位矢量。

03. 天 体 力 学

03.001 天体力学 celestial mechanics
研究天体和天体系统在引力作用下的轨道、自转和动力学演化的天文学分支。

03.002 天文动力学 astrodynamics
又称"*航天动力学*"。研究星际航行轨道动力学问题的学科。

03.003 摄动 perturbation, disturbance
(1) 天体轨道对圆锥曲线的偏离。(2) 使天体轨道偏离圆锥曲线的扰动过程。

03.004 摄动理论 perturbation theory
研究天体轨道对圆锥曲线的偏离及其变化规律的理论。

03.005 普遍摄动 general perturbation
又称"*天体力学分析方法*"。给出天体运动方程解的分析表达式的方法。

03.006 特殊摄动 special perturbation
又称"*天体力学数值方法*"。用数值分析来解算天体运动方程的方法。

03.007 摄动体 disturbing body
其引力使所研究的天体轨道偏离圆锥曲线的天体。

03.008 受摄体 disturbed body
因受到摄动而轨道对圆锥曲线有偏离的天体。

03.009 摄动函数 disturbing function
一个标量函数,其梯度为作用在受摄体上的除中心天体球体部分引力之外的其他引力。

03.010 力函数 force function
一个标量函数。它对一天体的位置矢量的偏导数等于该天体所受的引力。

03.011 长期摄动 secular perturbation
天体轨道对圆锥曲线的偏离中随时间积累而增长的部分。

03.012 周期摄动 periodic perturbation
天体轨道对圆锥曲线的偏离中随时间积累而作周期变化的部分。

03.013 长周期摄动 long period perturbation
周期摄动中周期长于轨道周期的部分。

03.014 短周期摄动 short period perturbation

周期摄动中周期等于或短于轨道周期的部分。

03.015 二体问题 two-body problem

由两个质点及其相互引力作用组成的力学模型。

03.016 三体问题 three-body problem

由三个质点及其相互引力作用组成的力学模型。

03.017 限制性三体问题 restricted three-body problem

三体问题里一个质点与其他两个质点相比其质量小到可忽略的特殊情形。

03.018 圆型限制性三体问题 circular restricted three-body problem

限制性三体问题里两质量较大的质点相互绕转轨道为圆的特殊情形。

03.019 椭圆型限制性三体问题 elliptic restricted three-body problem

限制性三体问题里两质量较大的质点相互绕转轨道为椭圆的特殊情形。

03.020 希尔问题 Hill problem

平面圆型限制性三体问题的一种近似。来源于月球运动理论,在摄动函数中忽略了以月球和太阳平均运动之比作为因子的项。

03.021 多体问题 many body problem

由三个或三个以上的质点及其相互引力作用组成的力学模型。

03.022 经典积分 classical integral

表示动量守恒、角动量守恒和能量守恒定律的数学表达式。

03.023 雅可比积分 Jacobi's integral

圆型限制性三体问题存在的唯一积分。它表示匀速旋转坐标系中的能量守恒定律。

03.024 孤立积分 isolating integral

当积分常数给定后能用来预报运动可能发生的区域的积分。

03.025 零速度面 surface of zero velocity

在圆型限制性三体问题的雅可比积分中令速度为零后该积分所决定的曲面。也可用于其他力学模型。

03.026 二体碰撞 binary collision

多体问题中的两个质点相碰的现象。

03.027 三体碰撞 triple collision

多体问题中的三个质点同时在同一地点相碰的现象。

03.028 中心构形 central configuration

多体问题中在所有质点碰撞到一起的过程中,质点趋于组成一定的形状。这时每个质点受到的力指向系统的质心,大小与质点到质心的距离成比例。

03.029 正规化变换 regularization transformation

能消除天体运动方程中碰撞奇点的坐标变换。

03.030 截面法 method of surface of section

探讨天体运动方程的周期解及其邻近轨道性质的一种方法,由法国天文学家庞加莱(Poincaré)提出。

03.031 埃农-海利斯模型 Hénon-Helies model

法国天文学家埃农等在1963年构造的一种简化的星系力学模型,对这种模型所作的数值模拟揭示了混沌现象。

03.032 *n*体模拟 *n*-body simulation

在天体集团结构形成与演化过程中，把系统假设为 n 个质点，仅考虑相互引力作用的一种数值模拟方法。

03.033 秤动点 libration point
天体系统运动方程的一种静态特解。当一质点置于该点且初始速度为零，它将在该点保持静止。

03.034 拉格朗日点 Lagrangian point
圆型限制性三体问题中存在的五个秤动点的总称。包括两个等边三角形点和三个共线点。

03.035 等边三角形点 equilateral triangle point
拉格朗日点中位于两较大质量的质点相互绕转平面上并与它们构成等边三角形的两个点。

03.036 共线点 collinear point
拉格朗日点中位于两较大质量的质点连线上的三个点。

03.037 内拉格朗日点 inner Lagrangian point
共线点中位于两较大质量的质点之间的一点。

03.038 外拉格朗日点 outer Lagrangian point
共线点中位于两较大质量的质点两侧的两个点。

03.039 希尔稳定性 Hill stability
当能量低于某个特定数值时，天体保持在一个局部范围内运动的特性。

03.040 较差自转 differential rotation
天体或天体系统的各部分有不同自转速率的现象。

03.041 安多耶变量 Andoyer variables
用于天体自转研究的一组正则共轭变量。

03.042 潮汐形变 tidal deformation
天体上各质点与天体质心所受外部天体引力有差别而引起的天体弹性形变现象。

03.043 潮汐摩擦 tidal friction
天体发生潮汐形变时，天体物质因黏性或摩擦而产生的能量耗散现象。

03.044 洛希极限 Roche limit
行星与其卫星间的最小可能距离。小于这一距离时，行星对卫星的潮汐作用将造成卫星解体。也常用于双星系统。因法国天文学家洛希首先求得而得名。

03.045 定轨 orbit determination
从观测资料确定天体轨道的过程。

03.046 初轨 preliminary orbit
天体被发现或发射后由首批观测资料第一次确定的轨道。

03.047 轨道改进 orbit improvement
用观测资料对天体的近似轨道作修正，以求出精确轨道的过程。

03.048 吻切平面 osculating plane
天体的瞬时位置矢量和速度矢量决定的平面。

03.049 吻切椭圆 osculating ellipse
天体的瞬时位置矢量和速度矢量决定的椭圆。

03.050 轨道根数 orbital element
确定圆锥曲线轨道的基本要素。一般情况下为六个，分别表示轨道的大小、形状、轨道在轨道面上的方位、轨道面的取向和天体在轨道上的初始位置。

03.051 吻切根数 osculating element
吻切椭圆所对应的轨道根数。

03.052 平根数 mean element
轨道根数中扣除周期变化后剩余的只作长期变化的部分。

03.053 近点 periapsis
又称"近拱点"。轨道椭圆上离引力中心最近点。

03.054 远点 apoapsis
又称"远拱点"。轨道椭圆上离引力中心最远点。

03.055 拱点 apsis, apse
近点和远点的统称。

03.056 拱线 apsidal line
连接两拱点的直线,即轨道椭圆的长轴。

03.057 交点线 nodal line
轨道平面与基本坐标平面的交线。

03.058 交点 node
交点线与天球相交的两个点。

03.059 升交点 ascending node
两交点中的一个。天体自南向北在该点越过基本坐标平面。

03.060 降交点 descending node
两交点中的一个。天体自北向南在该点越过基本坐标平面。

03.061 近日点 perihelion
绕日运动的天体轨道上离太阳最近点。

03.062 远日点 aphelion
绕日运动的天体轨道上离太阳最远点。

03.063 近地点 perigee
绕地运动的天体轨道上离地心最近点。

03.064 远地点 apogee
绕地运动的天体轨道上离地心最远点。

03.065 近心点 pericenter
二体问题中一质点的轨道上离两质点的质量中心最近点。

03.066 远心点 apocenter
二体问题中一质点的轨道上离两质点的质量中心最远点。

03.067 近星点 periastron
双星系统中一子星轨道上离另一子星最近点。

03.068 远星点 apoastron
双星系统中一子星轨道上离另一子星最远点。

03.069 半长径 semi-major axis
轨道椭圆长轴的一半。

03.070 轨道偏心率 orbital eccentricity
轨道椭圆焦点到中心的距离与半长径之比。

03.071 轨道倾角 orbital inclination
轨道平面与基本坐标平面的夹角。

03.072 近点幅角 argument of periapsis
轨道近点和升交点间的角距离。从升交点起沿运动方向度量。

03.073 升交点经度 longitude of ascending node
轨道升交点和经度起算点间的角距离。从经度起算点起沿经度增加方向度量。

03.074 平均运动 mean motion
天体沿轨道椭圆运动的平均角速度。

03.075 近点角 anomaly
轨道面上从近点起沿运动方向量度的角度。

03.076 平近点角 mean anomaly
天体从近点起假想地以平均角速度运动时

其向径扫过的角度。

03.077 真近点角 true anomaly
天体从近点起沿轨道运动时其向径扫过的角度。

03.078 偏近点角 eccentric anomaly
二体问题的解中坐标和时间之间的中介变量。坐标和时间都能用它和它的三角函数来表示。

03.079 近日点进动 advance of the perihelion
天体轨道近日点幅角不断增加的现象。

03.080 交点退行 regression of the node
天体轨道升交点经度不断减少的现象。

03.081 开普勒定律 Kepler's law
行星运动的三条基本定律。因德国天文学家开普勒发现而得名。

03.082 面积定律 law of area
表示二体问题中质点的向径在相同时间里扫过相同面积的定律。

03.083 开普勒方程 Kepler's equation
表示天体轨道偏心率、平近点角和偏近点角之间关系的一个方程。

03.084 开普勒轨道 Kepler orbit
二体问题里质点运动所遵循的轨道。

03.085 周期轨道 periodic orbit
反复地以相同的时间回到原来位置的轨道。

03.086 中间轨道 intermediate orbit
接近天体的真实运动，能以准确的解析式表达的一种假想轨道。

03.087 轨道共振 orbit resonance
(1) 两个天体绕同一个中心天体的轨道周期之比接近简单分数时的运动现象。(2) 卫星公转周期与其母行星自转周期之比接近简单分数时的运动现象。(3) 行星或卫星公转周期与其自转周期之比接近简单分数时的运动现象。

03.088 临界倾角 critical inclination
取值为 63°26′或 116°34′的人造地球卫星轨道倾角。此时卫星拱线无长期运动。

03.089 拉普拉斯矢量 Laplace vector
沿轨道椭圆的拱线方向且其大小与轨道偏心率成正比的一个矢量。

03.090 不变平面 invariable plane
经过太阳系质心并且垂直于太阳系总角动量矢量的平面。

03.091 拉格朗日行星运动方程 Lagrange's planetary equation
受摄体的吻切根数满足的微分方程。

03.092 科威尔方法 Cowell method
天体运动方程求解的一种数值积分方法，它尤适用于运动方程为不显含速度的二阶常微分方程的情形。因英国天文学家科威尔成功地应用于预报 1910 年哈雷彗星回归而得名。

03.093 平均法 averaging method
解轨道根数的微分方程的一种方法。用不断地进行变量变换来消除轨道根数的周期变化，最后得到平根数。

03.094 环绕速度 circular velocity
绕中心天体作圆周运动的速度。

03.095 逃逸速度 escape velocity
绕中心天体作抛物线运动的速度。

03.096 第一宇宙速度 first cosmic velocity
地球表面处的环绕速度，其值约为7.9 km/s。

03.097　第二宇宙速度　second cosmic velocity
地球表面处的逃逸速度，其值约为11.2 km/s。

03.098　第三宇宙速度　third cosmic velocity
从地球表面出发，为摆脱太阳系引力场的束缚，飞向恒星际空间所需的最小速度，其值约为 16.7km/s。

03.099　天文年历　astronomical ephemeris, astronomical almanac
按年度出版，反映本年度内主要天体运动规律和发生的天象，载有天文和大地测量工作所需的各种基本天文数据的专门历书。

03.100　航海天文历　nautical almanac
供航海人员观测天体以确定船舰位置的专门历书。

03.101　历表　ephemeris
以一定的时间间隔列出的天体位置表。

03.102　地心历表　geocentric ephemeris
列出天体地心坐标的历表。

03.103　合　conjunction
由地球上看到太阳系里两个天体(常是太阳和行星)的黄经相等的现象。也指此现象发生的时刻。

03.104　上合　superior conjunction
内行星和地球位于太阳两侧发生的合。

03.105　下合　inferior conjunction
内行星位于地球与太阳之间发生的合。

03.106　冲　opposition
由地球上看到外行星或小行星与太阳的黄经相差 180°的现象。也指此现象发生的时刻。

03.107　大冲　favorable opposition
外行星或小行星最接近地球时发生的冲。

03.108　方照　quadrature
由地球上看到内行星与太阳的黄经相差90°的现象。也指此现象发生的时刻。

03.109　东方照　eastern quadrature
内行星位于太阳东侧发生的方照。

03.110　西方照　western quadrature
内行星位于太阳西侧发生的方照。

03.111　距角　elongation
行星与太阳，或卫星与其母行星对地心的张角。

03.112　大距　(1)greatest elongation, (2)elongation
(1) 内行星或卫星距角达到极大时的位置。(2) 天极与天顶之间上中天的恒星在周日运动过程中其地平经圈与子午圈交角达到极大时的位置。

03.113　东大距　(1)greatest eastern elongation, (2)eastern elongation
(1) 内行星在太阳，或卫星在其母行星的东侧达到大距。(2) 恒星在周日运动过程中，在当地子午圈东侧发生的大距。

03.114　西大距　(1)greatest western elongation, (2)western elongation
(1) 内行星在太阳，或卫星在其母行星的西侧达到大距。(2) 恒星在周日运动过程中，在当地子午圈西侧发生的大距。

03.115　顺行　direct motion
(1) 行星在地心天球上自西向东的视运动。(2) 从北黄极或北天极看，行星、彗星或卫星等天体作逆时针方向的轨道运动。

03.116　逆行　retrograde motion
(1) 行星在地心天球上自东向西的视运

动。(2) 从北黄极或北天极看,行星、彗星或卫星等天体作顺时针方向的轨道运动。

03.117 顺留 direct stationary
行星视运动由顺行转变为逆行时发生的停滞不动的现象。

03.118 逆留 retrograde stationary
行星视运动由逆行转变为顺行时发生的停滞不动的现象。

03.119 留 stationary
顺留和逆留的统称。

03.120 食 eclipse
一个天体被另一个天体的影子所遮掩,其视面变暗甚至消失的现象。

03.121 日食 solar eclipse
日面被月面遮掩而变暗甚至完全消失的现象。

03.122 月食 lunar eclipse
月球被地影遮掩而发生的食。

03.123 全食 total eclipse, totality
天体视面全部被另一个天体的影子遮掩的现象。

03.124 偏食 partial eclipse
天体视面的一部分被另一天体的影子遮掩的现象。

03.125 日环食 annular solar eclipse
日面的中央部分被月面所遮掩而周围仍呈现一个明亮光环的现象。

03.126 全环食 total-annular eclipse
在特殊情况下,同一次日食,对某些地区为全食,另一些地区为环食。

03.127 中心食 central eclipse
日全食和日环食的总称。

03.128 本影 umbra
(1) 天体的光在传播过程中被另一天体所遮挡,在其后方形成的光线完全不能照到的圆锥形内区。(2) 太阳黑子中央较暗的部分。

03.129 半影 penumbra
(1) 天体的光在传播过程中被另一天体所遮挡,在其后方形成的只有部分光线可以照到的外围区域。(2) 太阳黑子周围稍亮的部分。

03.130 本影食 umbral eclipse
月球进入地球本影,被全部或部分遮掩的现象。

03.131 半影食 penumbral eclipse
月球进入地球的半影,被全部或部分遮掩的现象。

03.132 《食典》 Canon der Finsternisse (德)
1887 年奥地利天文学家奥伯尔泽(Oppolzer)所著,刊载公元前 1207 年至公元 2163 年间日月食资料的一部著作。

03.133 交食概况 circumstances of eclipse
一次日食或月食发生的有关情况,包括各食相的时刻、食分、日食可见地点的经纬度、月球在天顶的地点的经纬度等。

03.134 交食要素 element of eclipse
计算日月食发生情况必需的基本数据,包括月球和太阳的赤经相等或相差 180°的时刻,月球和太阳的赤经、赤纬及其变化率,月球和太阳的地平视差、角半径等。

03.135 全食带 zone of totality
月球的本影在地面扫过的区域。

03.136 环食带 zone of annularity
月球本影锥顶点以外的延伸部分在地面扫过的区域。

03.137 日食限 solar eclipse limit
在朔日,使日食成为可能时月球中心与黄道和白道的交点之间的角距离极限,在下限(15°21′)以内必发生日食,在上限(18°31′)以外无日食。

03.138 食相 phase of eclipse
日月食过程中,被遮掩日面或月面部分所呈现的各种形状的统称。

03.139 食分 magnitude of eclipse
表示日月被食程度的量。分别以太阳和月球的角直径为单位来计算。

03.140 初亏 first contact, first contact of umbra
主要食相之一,月面和日面外切或月球与地球本影外切的现象。也常指此食相发生的时刻。

03.141 食既 second contact
主要食相之一,月面和日面内切或月球和地球本影内切的现象。也常指此食相发生的时刻。

03.142 食甚 middle of eclipse
主要食相之一,月面中心和日面中心最接近或月面中心与地球本影中心最接近时的现象,也常指此食相发生的时刻。

03.143 生光 third contact
主要食相之一,月面与日面或月球与地球本影第二次内切时的现象。也常指此食相发生的时刻。

03.144 复圆 last contact, last contact of umbra
主要食相之一,月面与日面或月球与地球本影第二次外切的现象。也常指此食相发生的时刻。

03.145 凌 transit
(1) 内行星的圆面投影在日面上的现象。(2) 卫星的圆面投影在其母行星表面的现象。

03.146 入凌 ingress
凌开始的时刻。

03.147 出凌 egress
凌结束的时刻。

03.148 掩 occultation
一个天体被另一个角直径较大的天体(如月球或行星)所掩蔽的现象。

03.149 月相 phase of the moon, lunar phase
月球视面圆缺变化的各种形状的统称。

03.150 月龄 moon's age
用数字 0 至 29 表示每日的月相。以 0 表示朔,依次类推。

03.151 朔 new moon
又称"新月"。月球与太阳的黄经相等的时刻,也指当时的月相。此时地面观测者看不到月面任何明亮的部分。

03.152 上弦 first quarter
从地球上看,月球在太阳东 90°时所呈现的一种月相。此时地面观测者可看到月球明亮的西半圆面。

03.153 望 full moon
又称"满月"。月球与太阳的黄经相差 180°的时刻,也指当时的月相。此时地面观测者可看到月球的完整明亮的圆面。

03.154 下弦 last quarter
从地球上看,月球在太阳西 90°时所呈现的一种月相。此时地面观测者可看到月球明亮的东半圆面。

03.155 天平动 libration
由于几何和物理的原因,地面观测者所看

到的月球正面边缘部位的微小变化。

03.156 视天平动 apparent libration
又称“几何天平动”,“光学天平动”。由于地面观测者在不同的时刻从稍有差异的方向看月球所引起的天平动。

03.157 物理天平动 physical libration
月球自转不均匀,月球赤道与黄道交角有微小变化等物理原因引起的天平动。

03.158 经天平动 libration in longitude
月球绕地球运行速度和自转速度的不均匀性所引起的天平动。

03.159 纬天平动 libration in latitude
由于月球赤道与白道不重合,又与黄道的交角有微小变化所引起的天平动。

03.160 周日天平动 diurnal libration
又称“视差天平动(parallactic libration)”。周日视差引起的天平动。

03.161 中心差 equation of the center
循椭圆轨道运行的天体的真近点角与平近点角之差。它在月球运动里是对周期为一个恒星月的圆运动的主要改动项。

03.162 二均差 variation
月球运动里因太阳和地球引力的联合作用而产生的周期为半个朔望月的摄动项。

03.163 出差 evection
月球运动里因月球轨道偏心率的变化而产生的周期为 31.8 天的摄动项。

03.164 月角差 parallactic inequality
月球运动里因太阳引力作用而产生的周期为一个朔望月的小摄动项。

03.165 周年差 annual equation
月球运动里因地球轨道偏心率致使太阳引力变化而产生的周期等于近点年的摄动项。

03.166 长期加速度 secular acceleration
潮汐摩擦和某些地球物理因素造成的月球轨道角速度变慢的现象。

03.167 卡西尼定律 Cassini's law
描述月球运动的三条定律。因发现者法国天文学家卡西尼而得名。

04. 天 体 物 理 学

04.001 天体物理学 astrophysics
研究天体和其他宇宙物质的性质、结构和演化的天文学分支。

04.002 实测天体物理学 observational astrophysics
研究天体物理观测技术与方法以及通过观测揭示天体的物理性质与演变的学科。天体物理学的分支。

04.003 理论天体物理学 theoretical astrophysics
通过理论分析揭示天体的辐射机制、物质性质、内部结构与演变规律的学科。天体物理学的分支。

04.004 等离子体天体物理学 plasma astrophysics
研究天体和其它宇宙物质中的等离子过程的学科。天体物理学的分支。

04.005 高能天体物理学 high energy astrophysics
研究天体和其它宇宙物质中有高能光子或

高能粒子参与并释放极高总能量的现象和过程的学科。天体物理学的分支。

04.006 γ射线谱线天文学 γ-ray line astronomy

γ射线天文学的一个分支。探讨和研究宇宙中产生γ射线谱线辐射的源,产生γ射线辐射的各种物理过程以及γ射线空间观测仪器和处理方法等问题。

04.007 粒子天体物理学 particle astrophysics

研究天体和其它宇宙物质中基本粒子过程的学科。

04.008 中微子天文学 neutrino astronomy

又称"中微子天体物理学(neutrino astrophysics)"。研究天体发射中微子的过程与中微子在宇宙空间的性质的学科。

04.009 相对论天体物理学 relativistic astrophysics

研究天体和其它宇宙物质中的狭义与广义相对论效应不可忽视的高速度、强引力现象与过程的学科。天体物理学的分支。

04.010 引力天文学 gravitational astronomy

探查与研究天体引力波辐射的存在及其辐射过程与性质的学科。

04.011 天体光谱学 astrospectroscopy

研究天体的连续光谱和谱线的形成与变化机制以揭示天体的化学成分和物理状态的学科。天体物理学的分支。

04.012 天体波谱学 astrospectroscopy

研究天体的连续谱和谱线的形成与变化机制以揭示天体的化学成分和物理状态的学科。天体物理学的分支。

04.013 天体照相学 astrophotography

通过照相观测研究天体的位置、形态、运动、光度及其变化的学科。

04.014 天体化学 astrochemistry

研究天体和其它宇宙物质的化学组成和化学过程的学科。

04.015 天体地理学 astrogeography

研究太阳系行星和卫星表面结构与状态的学科。

04.016 天体地质学 astrogeology

研究太阳系行星和卫星深层结构与性质的学科。

04.017 天体生物学 astrobiology

研究天体上存在生物的条件及探测天体上是否有生物存在的学科。

04.018 天体演化学 cosmogony

研究天体和其它宇宙物质向不同存在形式转化的规律的学科。

04.019 天文地球物理学 astrogeophysics

用天文方法研究地球的物理性质以及天体对地球的影响的学科。天文学和地球物理学的交叉学科。

04.020 宇宙纪年学 cosmochronology

根据某一宇宙学模型确定的宇宙演化各个阶段的基本特征的时间表。

04.021 天体测光 astronomical photometry

简称"测光(photometry)"。测量来自天体的辐射通量,以决定其亮度。

04.022 阿格兰德法 Argelander method

由德国天文学家阿格兰德首创的利用比较星进行目视估计变星亮度的方法。

04.023 目视测光 visual photometry

以人眼为探测器的测光。

04.024 照相测光 photographic photometry

以天文照相底片为探测器的测光。

04.025　光电测光　photoelectric photometry

以光电转换器件为探测器的测光。

04.026　较差测光　differential photometry

近同时地轮流测量变星与比较星辐射通量,以高精度地决定变星亮度变化的方法。

04.027　绝对测光　absolute photometry

结果以物理单位表达的测光。

04.028　等光度测量　isophotometry

测定和研究天体面源辐射强度二维分布的技术。

04.029　斑点干涉测量　speckle interferometry

一种减少大气湍流对光学、红外波段天体成象干扰,充分发挥望远镜固有的分辨本领的天体物理方法,可提高分辨率50倍。

04.030　高速测光　high-speed photometry

为研究天体亮度快速变化而设计的高时间分辨率的测光。

04.031　测光系统　photometric system

为使测光结果稳定和便于比较,对测光所用设备、器件和方法作出种种特殊规定。每种规定决定一个测光系统。

04.032　UBV 系统　UBV system

有目视、兰和紫外三个宽波段的测光系统。

04.033　两色测光　two-color photometry

对于所要观测的每一天体同时或近同时地在两个波段进行测光。

04.034　三色测光　three-color photometry

对于所要观测的每一天体同时或近同时地在三个波段进行测光。

04.035　四色测光　four-color photometry

对于所要观测的每一天体同时或近同时地在四个波段进行测光。

04.036　多色测光　multicolor photometry

对于所要观测的每一天体同时或近同时地在多个波段进行测光。

04.037　CCD 测光　CCD photometry

利用 CCD 进行的二维光度测量。

04.038　孔径测光　aperture photometry

对由焦平面光栏或象处理系统所选取的小天区进行的光度测量。

04.039　二维测光　two-dimensional photometry

又称“成象测光(image photometry)”。利用二维探测器对天体象进行的光度测量。

04.040　通带　passband

一个天文观测系统的波长响应范围。

04.041　半宽　half width

响应函数为最大值的 1/2 处所对应的波长之差。

04.042　半峰全宽　full width at half-maximum, FWHM

辐射通量按波长的分布曲线最大值 1/2 处所对应的波长之差。

04.043　宽带测光　broad-band photometry

通带半宽大于 30nm 的测光。

04.044　中带测光　intermediate band photometry

通带半宽大于 10nm,小于 30nm 的测光。

04.045　窄带测光　narrow-band photometry

通带半宽小于 10nm 的测光。

04.046　测光序　photometric sequence

在一定测光系统中精确量度过的一系列稳定恒星的亮度序列。可作为该测光系统中的标准光源——标准星。

04.047 北极星序 north polar sequence, NPS

北天极附近的恒星光度序列。其 96 颗恒星的照相星等和仿视星等已精确测定,可作恒星测光标准。

04.048 目视星等 visual magnitude

用目视波段的亮度计算出的星等。

04.049 照相星等 photographic magnitude

用照相波段的亮度计算出的星等。

04.050 仿视星等 photovisual magnitude

用正色底片前加黄滤光片测得的亮度计算出的星等。

04.051 红外星等 infrared magnitude

用红外波段的亮度计算出的星等。

04.052 热星等 bolometric magnitude

用热辐射测量方法得到的亮度计算出的星等。

04.053 累积星等 integrated magnitude

按有视面的天体或天体系统的总亮度确定的星等。

04.054 色指数 color index

用不同测光系统近同时测得的同一天体的星等差。可以反映天体的颜色。

04.055 色余 color excess

天体的实测色指数与光谱型相同的天体的正常色指数之差。

04.056 红外超 infrared excess

天体的红外辐射大于相同光谱型天体的正常红外辐射的现象。

04.057 紫外超 ultraviolet excess

天体的紫外辐射大于相同光谱型天体的正常紫外辐射的现象。

04.058 红化 reddening

恒星光线通过星际空间,由于星际尘埃的选择消光效应,从而造成星光变红的现象。

04.059 天体偏振测量 astronomical polarimetry

测定和研究天体辐射偏振状态和变化的技术性分支学科。

04.060 光电成象 photoelectronic imaging

将光学象投射到光电阴极,使之发射电子,再通过电子光学系统聚焦成与原光学象共形的电子象并加速至探测元件上读出以提高感光能力的技术。

04.061 光谱型 spectral type

恒星按光谱分类确定的类型。

04.062 光度级 luminosity class

恒星按光度强弱区分的七个等级,即超巨星、亮巨星、巨星、亚巨星、主序星、亚矮星、白矮星,分别用Ⅰ—Ⅶ 表示。

04.063 光谱分类 spectral classification

恒星按光谱特性反映其温度序列的分类方法。

04.064 哈佛分类 Harvard classification

18 世纪 90 年代哈佛天文台天文学家制定,后来被普遍采用的一种光谱分类方法,将恒星分成 O,B,A,F,G,K,M 七种类型。

04.065 波恩星表 Bonner Durchmusterung (德)

又称"BD 星表"。1859—1862 年间普鲁士天文学家弗里德里奇·阿基兰德在波恩编纂的包括 32 418 颗星的总星表。

04.066 赫罗图 Hertzsprung-Russell diagram, HR diagram

又称“光谱光度图(spectrum-luminosity diagram)”。1911年丹麦天文学家赫兹伯隆和1913年美国天文学家罗素分别独立采用的显示恒星序列性的光谱型—光度关系图。

04.067 两色图 two-color diagram, color-color diagram
天体的两个色指数的关系图。

04.068 颜色-星等图 color-magnitude diagram
星团星的颜色—星等关系图。

04.069 主序 main sequence
赫罗图上从左上(高温、高光度)至右下(低温、低光度)大部分恒星集聚的序列,位于其上的恒星处于核心氢聚变阶段。

04.070 赫氏空隙 Hertzsprung gap
赫罗图上主星序右方的无恒星区。

04.071 巨星支 giant branch
赫罗图的右上方巨星集聚成带状的序列。

04.072 红巨星支 red-giant branch
赫罗图的右上方红巨星集聚成带状的序列,巨星支的一部分。

04.073 水平支 horizontal branch
在球状星团赫罗图上的一个光度基本恒定的分支。

04.074 零龄水平支 zero-age horizontal branch, ZAHB
质量约小于两个太阳质量的恒星,紧接着氦闪演化阶段之后,由非简并均匀氦核和富氢包层组成的质量不同的模型计算得出的赫罗图上的一条曲线。

04.075 渐近巨星支 asymptotic giant branch, AGB
质量约小于两个太阳质量的恒星,演化到核心氦枯竭形成碳-氧核,随着该核质量的增加,在赫罗图上向右上方移动的一段演化程。

04.076 光变曲线 light curve
变星和其它有亮度变化的天体的亮度随时间变化的曲线。

04.077 热光变曲线 bolometric light curve
观测到的全波段能量随时间的变化。

04.078 光变周期 period of light variation
光变曲线上相邻两个同位相点之间的时间间隔。

04.079 周光关系 period-luminosity relation
造父变星的光变周期与平均光度间的线性关系。

04.080 周光色关系 period-luminosity-color relation
为了利用周光关系,推算出造父变星的更精确的绝对星等,在关系式中,加上一个反映恒星表面温度的色指数项,称为周光色关系。

04.081 周谱关系 period-spectrum relation
造父变星的光变周期与光谱变化之间的关系。

04.082 质量函数 mass function
(1) 单谱分光双星中已测得视向速度曲线的第一子星质量为 m_1,未测得视向速度曲线的第二子星质量为 m_2,轨道倾角为 i,$(m_2 \sin i)^3/(m_1+m_2)^2$ 称为此双星的质量函数,其单位为太阳质量,通常用 $f(m)$ 表示。(2) 单位体积内质量在 M 与 $M+dM$ 间的星数。用于统计恒星质量的分布。

04.083 光度函数 luminosity function

一种类型的天体在一定时空范围内按光度分布的函数。

04.084 质光关系 mass-luminosity relation
主序星的质量与光度间的近似关系。

04.085 光度质量 luminosity mass
根据天体质量和光度的关系所估计出的质量。

04.086 动力学质量 dynamical mass
运用动力学方法所求得的天体质量。如利用物理双星的轨道运动、星系自转或位力定理求得的恒星、星系和星系团质量。

04.087 质光比 mass-to-light ratio
星系中某一光谱型恒星的质量和某一特定波长的光度的比值,它反映星系的星族特征。星系团中成员星系的质量和观测到的光度之比值,则反映星系团位力质量和光度质量之差。

04.088 位力定理 virial theorem
曾称"维里定理"。多质点体系的一个动力学定理。在一个位置和速度都有界的稳定的自引力体系中,体系长期的平均总动能等于体系总引力势能的一半。

04.089 距离尺度 distance scale
通过天文观测或理论模型所确定的天体间的大致距离范围。

04.090 估距关系 distance estimator
用于估计星系距离的一些统计关系。

04.091 天测距离 astrometric distance
比较球状星团中恒星的自行弥散度和径向速度而得到的距离,它与红化或标准烛光假设无关。

04.092 测光距离 photometric distance
根据天体的亮度和色指数的测量数据,运用赫罗图拟合法所求出的天体距离。主要适用于星团的距离测定。

04.093 分光距离 spectroscopic distance
根据天体谱线特征得到的距离。

04.094 天空背景 sky background
夜间观测时天体周围没有其他天体的天空部分。

04.095 天空亮度 sky brightness
天空背景的亮度。

04.096 背景辐射 background radiation
来自宇宙空间的不可分辨其来源的辐射。

04.097 闪烁 scintillation
由大气折射扰动引起的星光亮度的快速变化。

04.098 大气视宁度 atmospheric seeing
对受地球大气扰动影响的天体图象品质的一种量度。主要用以描述点源图象的角大小和面源图象的清晰度。

04.099 大气透明度 atmospheric transparency
地球大气容许天体辐射通过的百分率。用位于天顶方向的天体投到地面上和大气上界的流量之比表示。

04.100 大气吸收 atmospheric absorption
天体的辐射经过地球大气时,因部分能量传给大气中分子、原子或其它粒子而减弱的现象。

04.101 晨昏蒙影 twilight
日出前或日没后由高空大气散射太阳光引起的天空发亮的现象。

04.102 天文晨昏蒙影 astronomical twilight
太阳中心在地平下 18°时称为天文晨光始或天文昏影终。从天文晨光始到日出或从日没到天文昏影终的一段时间称为天文晨昏蒙影。

04.103 民用晨昏蒙影 civil twilight
太阳中心在地平下 6°时称为民用晨光始或民用昏影终。从民用晨光始到日出或从日没到民用昏影终的一段时间称为民用晨昏蒙影。

04.104 光学窗口 optical window
能透过地球大气的天体光学辐射的波长范围,约为 300—700nm。

04.105 红外窗口 infrared window
能透过地球大气的天体红外辐射的波长范围,主要包括 J(1.25μm)、H(1.6μm)、K(2.2μm)、L(3.6μm)、M(5.0μm)、N(10.0μm)和 Q(21.0μm)等窄带。

04.106 射电窗口 radio window
能透过地球大气的天体无线电辐射的波长范围,约从 1mm 到 30m。

04.107 射电对应体 radio counterpart
在非射电波段观测到,又在射电波段得以证认的天体。

04.108 红外对应体 infrared counterpart
在非红外波段观测到,又在红外波段得以证认的天体。

04.109 X 射线对应体 X-ray counterpart
在非 X 射线波段观测到,又在 X 射线波段得以证认的天体。

04.110 γ 射线对应体 γ-ray counterpart
在非 γ 射线波段观测到,又在 γ 射线波段得以证认的天体。

04.111 光度标准星 photometric standard
在天体连续谱绝对光度测量中,连续谱精确已知的比较星。如天琴 α 为一级标准星。

04.112 分光光度标准星 spectrophotometric standard
天体光谱绝对分光光度测量中,用作比较的,绝对光谱能量分布已知的恒星。

04.113 偏振标准星 polarimetric standard
天体偏振测量中,偏振量精确已知的比较星。

04.114 视向速度标准星 radial-velocity standard
恒星视向速度测量中,视向速度精确已知的比较星。

04.115 色温度 color temperature
又称“分光光度温度”。与恒星在某波段内连续能量谱相近的绝对黑体的温度。色温度和天体颜色有关。

04.116 有效温度 effective temperature
与某一恒星具有相同半径和相等总辐射能的绝对黑体的温度。

04.117 激发温度 excitation temperature
在局部热动平衡条件下,分子或原子的各个能级上的布居符合玻尔兹曼分布律时,该公式内的温度。

04.118 电离温度 ionization temperature
将原子(或离子)最里面轨道上的电子拉出,但又不给拉出的电子以动能时的温度。

04.119 等效温度 equivalent temperature
天体辐射的能谱分布或辐射总功率若与某温度黑体辐射的能谱分布或总辐射功率近似对应,则称此温度为该天体的等效温度。

04.120 运动温度 kinetic temperature
麦克斯韦速度分布律公式内的温度。

04.121 亮温度 brightness temperature
又称“辐射温度(radiation temperature)”。

与天体在给定频率上有相同亮度的绝对黑体的温度。

04.122 射电温度 radio temperature

又称"射电亮温度"。在给定的射电波段的频率上和天体有相同亮度的绝对黑体的温度。由瑞利-金斯公式给出。

04.123 赞斯特拉温度 Zanstra temperature

使星云电离的恒星紫外辐射强度的等效黑体温度。

04.124 反照率 albedo

表示不发光天体的反射本领,等于所有方向的反射光总流量和入射光总流量之比。

04.125 宇宙丰度 cosmic abundance

宇宙中每种元素的原子数目或质量的相对含量。

04.126 金属丰度 metal abundance

天体和其它宇宙物质中除氢和氦以外的所有元素的原子总数或总质量的相对含量。

04.127 富度指数 richness index

表示阿贝尔富度等级的数字。

04.128 阿贝尔富度 Abell richness class

一种富星系团分类的标度,首先由阿贝尔提出。在星系团的中心区域内星等在第三亮的星系的星等 m_3 和 m_{3+2} 内的成员星系数。

04.129 消光 extinction

天体辐射受到中介宇宙尘和地球大气的吸收与散射而造成的强度的减弱和颜色的变化。

04.130 磁阻尼 magnetic braking

电子在磁场中受洛仑兹力作用做加速运动而产生辐射,电子在辐射中能量的渐减使得辐射场中任一点的场强具有阻尼振动形式。

04.131 无力[磁]场 force-free [magnetic] field

一种磁场理论模型,其中带电粒子所受的洛仑兹力处处为零。主要用于描述太阳活动区磁场。

04.132 光球活动 photospheric activity

发生于太阳和恒星光球层中局部区域的偶发现象,如太阳黑子和光斑等。

04.133 色球活动 chromospheric activity

发生在太阳和恒星色球层中局部区域的偶发现象,如色球谱斑和色球耀斑等。

04.134 星冕活动 coronal activity

发生于日冕和星冕中局部区域的偶发现象,如日冕凝块和物质抛射等。

04.135 星冕气体 coronal gas

太阳和恒星大气的最外层气体。系处在非热动平衡态的高温等离子体。

04.136 临边昏暗 limb darkening

太阳或其它恒星的亮度从视面中心向边缘逐渐减小和红化的现象。

04.137 临边增亮 limb brightening

太阳或其它恒星的射电亮度或X射线亮度从中心向边缘渐增的现象。

04.138 光深 optical depth

物质层的不透明性的量度。设入射到吸收物质层的辐射强度为 I_0,透射的辐射强度为 I,则 $I = I_0e^{-\tau}$,其中 τ 称为光深。

04.139 不透明度 opacity

介质吸收辐射的能力的量度,等于入射辐射强度与出射辐射强度之比。

04.140 光薄介质 optically thin medium

光深 $\tau<1$ 的介质。

04.141　标高　scale height

若某物理量(如温度、压强、密度)随高度增大而减小,当其值减至 1/e 时所对应的高度,称为此物理量的标高。

04.142　光厚介质　optically thick medium

光深 $\tau>1$ 的介质。

04.143　振子强度　oscillator strength

在给定的谱线内,和一个原子的吸收作用相等效的谐振子的数目。

04.144　截断因子　guillotine factor

当恒星气体的温度高到足以使原子的 K 壳层电子电离时,用来量度其不透明度减小程度的因子。

04.145　负氢离子　negative hydrogen ion

有一个附加电子的氢原子,以符号“H^-”表示。

04.146　动能均分　equipartition of kinetic energy

04.147　非热电子　nonthermal electron

速度分布远离麦克斯韦分布(或费米分布)的电子。

04.148　简并气体　degenerate gas

量子力学效应起主导作用的气体。

04.149　稀化因子　dilution factor

辐射场的辐射密度和热动平衡状态下平衡辐射密度之比。

04.150　灰大气　grey atmosphere

连续吸收系数与频率无关的一种大气模型。

04.151　非灰大气　non-grey atmosphere

连续吸收系数与频率有关的一种大气模型。

04.152　局部热动平衡　local thermodynamic equilibrium

在任一局部区域都可以用一个局部温度的热动平衡关系式描述其物理性质以及物质和辐射场的相互作用的状态。

04.153　非局部热动平衡　non-local thermodynamic equilibrium

任一局部区域都不能简单地用一个局部温度的热动平衡关系式来描述的状态。

04.154　辐射转移　radiative transfer

以辐射方式转移能量的过程。

04.155　辐射转移方程　equation of radiative transfer

简称“转移方程(transfer equation)”。辐射通过一个既能发射又能吸收辐射的介质时辐射强度所遵循的微分方程。

04.156　萨哈方程　Saha equation

描述在热动平衡状态下单位体积内某种元素的原子数按电离度分布的公式。由印度物理学家萨哈首先导出而得名。

04.157　热辐射　thermal radiation

辐射源处于热动平衡或局部热动平衡状态下的辐射。

04.158　非热辐射　nonthermal radiation

辐射源处于远离热动平衡状态下的辐射。

04.159　阻尼辐射　damping radiation

强度随时间减弱的辐射。

04.160　韧致辐射　bremsstrahlung

电子与离子或原子近距碰撞时,库仑力作用使电子减速而产生的辐射。

04.161　荧光辐射　fluorescent radiation

能量较高的光子和原子作用后,转变为较低能量的光子时所发生的辐射。

04.162 同步加速辐射 synchrotron radiation

又称“磁轫致辐射”。相对论电子在磁场中受洛伦兹力作用而加速运动产生的辐射。这种辐射因首先在同步加速器中得到证实而得名。

04.163 回旋加速辐射 cyclotron radiation

非相对论电子在磁场中受洛伦兹力作用而加速运动产生的辐射。

04.164 逆康普顿效应 inverse Compton effect

低能光子和高能电子相碰撞获得能量而变成高能光子的一种散射现象。

04.165 自由-自由跃迁 free-free transition

自由电子在原子核的电场里从一个自由态到另一个自由态的跃迁。

04.166 束缚-自由跃迁 bound-free transition

束缚在原子里的电子获得能量成为自由电子的过程。

04.167 束缚-束缚跃迁 bound-bound transition

束缚在原子里的电子从一个能态到另一能态的跃迁。

04.168 容许跃迁 permitted transition

满足原子能态跃迁选择定则的跃迁。

04.169 受迫跃迁 forced transition, induced transition

又称“感应跃迁”。在外辐射场作用下发生的原子能态跃迁。

04.170 禁戒跃迁 forbidden transition

不满足原子能态跃迁选择定则的跃迁。

04.171 谱线证认 line identification

确定某谱线来自何种原子、离子或分子的何种能态之间的跃迁。

04.172 比较光谱 comparison spectrum

天体光谱测量中作为比较标准的光谱，其谱线波长或分光辐射强度通常为已知。

04.173 谱线位移 line displacement

谱线偏离正常波长位置的现象。最常见的原因为该谱线发射源区的视向运动，还有强引力场和二次斯塔克效应等。

04.174 多普勒频移 Doppler shift

因辐射源的视向运动而导致的辐射频率漂移。

04.175 多普勒图 Dopplergram

又称“视向速度二维分布图”。通常用实和虚等值线分别表示观测区域中正和负视向速度区。

04.176 视向速度描迹 radial-velocity trace

用视向速度仪记录到的双星之间视向速度变化的分光资料。

04.177 谱线轮廓 line profile

谱线所在的波长范围内辐射强度随波长变化的曲线，它是谱线辐射源区诸物理参数的函数。

04.178 等值宽度 equivalent width

与吸收(或发射)谱线轮廓和连续谱之间所包围的面积相当的高度为 1 的矩形的宽度。

04.179 生长曲线 curve of growth

表征吸收谱线的强弱程度与此吸收线的低能态原子数之间关系的一族曲线。在恒星光谱分析中，用于研究恒星大气结构。

04.180 线心 line core

发射或吸收谱线的中心频率点。对于正常对称且无反变的谱线，分别即为辐射强度最高和最低的频率点。

04.181 谱线变宽 line broadening
由仪器或辐射源性质引起的谱线宽度增加。由辐射源引起的变宽因素有:辐射阻尼、碰撞阻尼、统计加宽、自转、膨胀、湍流,以及热动和宏观多普勒效应等。

04.182 谱线分裂 line splitting
原子能态因电场或磁场而发生分裂,致使辐射谱线分裂的现象。

04.183 谱线覆盖 line blanketing
太阳和大多数恒星的光谱为连续谱附加吸收谱线。这样,连续谱中的吸收线分布称为谱线覆盖。

04.184 覆盖效应 blanketing effect
(1) 在太阳和恒星连续光谱中吸收线对确定太阳和恒星大气温度分布的影响称覆盖效应。(2) 研究太阳或恒星大气温度随深度变化时,原则上必须同时考虑辐射的连续吸收和覆盖谱线的线吸收。但作为近似,通常只考虑前者,而把后者视作附加改正。这样,吸收线对确定太阳或恒星大气温度分布的影响就称为覆盖效应。

04.185 温室效应 greenhouse effect
行星所接受的来自太阳的辐射能量和向周围发射的辐射能量达到平衡时,行星表面具有各自确定的温度。如果行星大气中二氧化碳含量增加,则因为太阳的可见光和紫外线容易穿透二氧化碳成分,行星表面发射的红外线不易穿透这种大气成分,引起上述平衡温度升高。这种效应与玻璃可提高温室内的温度类似,故名。

04.186 禁线 forbidden line
不满足原子能态跃迁选择定则的跃迁概率并非为零,在某些条件下仍可发生,这种跃迁产生的谱线称为禁线。

04.187 巴尔末减幅 Balmer decrement
天体光谱中常出现氢的巴尔末系发射线,其强度按 Hα、Hβ…顺序递减(通常以 Hβ 强度为单位)。

04.188 巴尔末跳跃 Balmer jump, Balmer discontinuity
由氢原子的束缚-自由跃迁造成的光谱中巴尔末系限两边的强度突变。

04.189 射电 radio
天体发出的无线电波。

04.190 射电亮度 radio brightness
又称"射电辐射强度"。天体在视线方向上的单位投影面积在单位频宽、单位立体角内发出的射电功率。

04.191 射电指数 radio index
天体的射电连续谱流量密度随频率的分布呈幂律谱时的幂指数。

04.192 平谱 flat spectrum
当天体的辐射能量随频率的分布呈幂律谱时,幂指数小的谱称平谱。在射电波段是指幂指数小于 0.4 的谱。

04.193 陡谱 steep spectrum
当天体的辐射能量随频率的分布呈幂律谱时,幂指数大的谱称陡谱。在射电波段是指幂指数大于 0.4 的谱。

04.194 喷流 jet
天体喷出的狭长、高速、定向物质流。

04.195 热斑 hot spot
子源或密近双星上特别亮的发射区。

04.196 流量密度 flux density
垂直于天体辐射方向的单位面积所接收到的单位频宽内的功率。单位为 Jy(央)。

04.197 央 jansky, Jy

天体射电流量密度单位。等于10^{-26} $W \cdot m^{-2} \cdot Hz^{-1}$。以首先发现银河系射电的美国无线电工程师央斯基命名。

04.198 乌呼鲁 uhuru
天体X射线流量密度单位。在2—11keV能谱范围内,1乌呼鲁指自由号卫星每秒1次计数的流量密度,相当于11μJy。

04.199 γ射线谱线 γ-ray line
有特定频率的位于电磁波谱γ射线波段的谱线。

04.200 γ射线谱线辐射 γ-ray line emission
γ射线谱线频率上的电磁波辐射。

04.201 阿尔文波 Alfvén wave
阿尔文于1942年首先预言的一种磁流波,是一种沿磁力线传播的横向波动。

04.202 多方球 polytrope
按多方物态方程$P=K\rho^{\gamma}$建立的恒星结构模型。其中P和ρ分别为物质的压强和密度,K为常数,γ为多方指数。

04.203 对流层 convection zone
恒星内部冷热气体不断升降对流的区域。

04.204 对流元 convective cell
对流层中不断上升或下降的小气流团。

04.205 对流过冲 convective overshooting
简称"超射(overshooting)"。又称"贯穿对流(penetrative convection)"。由于非局部对流效应,太阳和恒星的对流层中的对流运动从局部对流不稳定区穿过对流不稳定边界,贯穿进入局部对流稳定区的现象。

04.206 混合长理论 mixing length theory
描述恒星内部对流现象的半经验理论:流体中的对流元流过一段特征距离后,它便把过量的能量转移给周围的介质而自身瓦解。

04.207 核合成 nucleosynthesis
宇宙中核子形成各种核素的过程。通常认为它们发生于宇宙早期、恒星演化过程中以及宇宙线粒子与星际介质的碰撞事件中。

04.208 质子-质子反应 proton-proton reaction
四个氢核聚变为一个氦核的一系列热核反应过程,是小光度、低质量的主序星的主要能源。

04.209 碳氮循环 carbon-nitrogen cycle
碳氮氧循环的子循环。

04.210 碳氮氧循环 carbon-nitrogen-oxygen cycle
由碳、氮、氧起催化作用,四个氢核聚变为一个氦核的一系列热核反应过程,是高光度、大质量主序星的主要能源。

04.211 氢燃烧 hydrogen burning
B2FH理论中提出的一种发生在$T \geqslant 10^7 K$条件下四个氢核聚变为氦核的过程。

04.212 氦燃烧 helium burning
B2FH理论中提出的一种发生在$T \geqslant 10^8 K$条件下氦核聚变为碳核和氧核的过程。

04.213 热核剧涨 thermonuclear runaway
一定条件下发生的不稳定热核反应,反应温度和反应速度均急剧升高。例如氦闪。

04.214 氦闪 helium flash
红巨星演化到核心氢耗尽,中心温度高达$10^8 K$时,氦核突然燃烧的现象。这只能在氦核质量小于1.4倍太阳质量时发生。

04.215 富氦核 helium-rich core
由于碳氮氧循环,恒星演化成一种由氢含量丰富的包层和氦丰富的内核构成的结构。

04.216 星暴 starburst
大量恒星快速形成的现象。

04.217 爱丁顿极限 Eddington limit
在球对称前提下天体的辐射压力不超过引力时的光度上限值。例如太阳的爱丁顿极限是 10^{-6}J/s。

04.218 钱德拉塞卡极限 Chandrasekhar limit
白矮星的一种极限质量。当白矮星的质量超过此值时，它的核心电子简并压不能支撑外层负荷。假定白矮星无自转，且平均分子量为2时，此极限值为太阳质量的1.44倍。

04.219 开尔文-亥姆霍兹收缩 Kelvin-Helmholtz contraction
恒星在自引力作用下的收缩过程。

04.220 林忠四郎线 Hayashi line
指赫罗图上与主星序接近垂直的一段演化程。在这段演化程中，恒星的大部分或整体处于对流平衡状态。

04.221 零龄主序 zero-age main sequence
各种质量的恒星在开始稳定的氢燃烧而刚成为主序星时，在赫罗图上形成的从左上方到右下方的一条线。

04.222 演化程 evolutionary track
恒星在赫罗图上的演化路径。

04.223 等龄线 isochrone
演化年龄相同的各种质量的恒星在赫罗图上的位置线。

04.224 脉动不稳定带 pulsation instability strip
赫罗图上大多数脉动变星所在的带状区域。

04.225 氢主序 hydrogen main sequence
恒星以其核心稳定的氢燃烧为能源的阶段。

04.226 广义主序 generalized main sequence
氢主序、氦主序和碳主序等的总称。

04.227 径向脉动 radial pulsation
恒星内的流体元沿径向作球对称的周期性收缩和膨胀。

04.228 非径向脉动 nonradial pulsation
恒星内的流体元有非径向位移的周期性收缩和膨胀。

04.229 脉动相位 pulsation phase
指周期脉动变星处在脉动周期中的相位。

04.230 脉动极 pulsation pole
非径向脉动恒星的振荡状态通常存在一个对称轴，轴端指向即脉动极。

04.231 耀发 flare
天体局部区域光度突然增强的现象，表明该区域发生剧烈的物理过程，如太阳耀斑和恒星耀斑。

04.232 闪变 flickering
(1) 天体的急剧大幅度增亮。(2) 振动系统的非周期性变化。

04.233 吸积 accretion
天体因自身的引力俘获其周围物质而使其质量增加的过程。

04.234 吸积盘 accretion disk
有角动量物质被天体吸积时形成的环绕天体的盘状结构。

04.235 吸积流 accretion stream
被天体吸积的物质流。

04.236 吸积柱 accretion column

受天体的偶极磁场作用而落向其磁极区的柱状吸积流。

04.237 开普勒盘 Kepler's disk
一种薄吸积盘模型,其中物质的径向运动速度远小于转动速度,故物质运动轨道近似为圆形。

04.238 自转突变 glitch
脉冲星自转周期的不连续变化。

04.239 自转突变活动 glitch activity
某些脉冲星发生的自转突然加快现象。

04.240 星震 starquake
中子星外壳的一种突然坍缩运动。

04.241 星震学 astroseismology
观测恒星振荡特性并结合理论分析来研究恒星内部结构的学科。

04.242 暴缩 implosion
恒星在结构上失去平衡时向内急剧收缩的现象。

04.243 质量损失 mass loss
恒星演化过程中通过星风、喷射、暴发、外流等损失质量的过程。

04.244 质量损失率 mass-loss rate
天体以各种方式在单位时间所失掉的物质质量。

04.245 短缺质量 missing mass
星团、星系或星系团的动力学质量与光度质量之差。

04.246 动力学年龄 dynamical age
运用动力学方法所求得的天体系统,如双星、聚星、星团、星系团的年龄。

04.247 引力坍缩 gravitational collapse
天体在压力不足以与自身引力抗衡时的急剧收缩过程。

04.248 引力收缩 gravitational contraction
星际云和原恒星在引力作用下缓慢收缩的过程。

04.249 引力红移 gravitational redshift
强引力场中天体发射的电磁波波长变长的现象。

04.250 引力波 gravitational wave
又称"引力辐射(gravitational radiation)"。广义相对论预言的引力场的波动形式。其传播速度等于光速。

04.251 X 射线暴 X-ray burst
宇宙 X 射线流量在短时间内急剧变化的现象。

04.252 γ 射线暴 γ-ray burst
宇宙 γ 射线流量在短时间内急剧变化的现象。

04.253 黑洞 black hole
由一个只允许外部物质和辐射进入而不允许物质和辐射从中逃离的边界即视界(event horizon)所规定的时空区域。

04.254 施瓦西黑洞 Schwarzschild black hole
没有角动量也不带电荷的黑洞。

04.255 克尔黑洞 Kerr black hole
具有角动量但不带电荷的黑洞。

04.256 灰洞 grey hole
尚属猜测的视界内物质和辐射向外喷射但不足以越过视界的情形。

04.257 白洞 white hole
尚属猜测的视界内的物质和辐射喷射到视界外的情形。

04.258 能层 ergosphere
旋转黑洞的视界与无限红移面之间的区

域。进入其中的物质逃出时可以获得能量。

05. 天 文 学 史

05.001 二十八宿 twenty-eight lunar mansions

中国古代在黄赤道带附近所选取的 28 组恒星,用来作为量度日、月、五星及其他天体(包括其他恒星)的位置的相对标志。每组星称为宿,总称二十八宿。印度和阿拉伯民族古代也有自己的二十八宿。

05.002 黄道十二宫 zodiacal signs

古代巴比伦把整个黄道圈从春分点开始均分为 12 段,每段均称为宫,各以其所含黄道带星座之名命名。总称黄道十二宫。后因岁差关系,黄道十二宫与黄道十二星座不再相应。

05.003 [星]官 asterism

中国古代恒星的基本组织单位。星官是一组星,包含的星数从一颗到几十颗不等。

05.004 二十四节气 twenty-four solar terms

中国古代把从冬至开始的一个回归年分成 24 段,每到一个分段点就叫一个节气,总称二十四节气。

05.005 节气 solar term

(1) 二十四节气的组成单位。(2) 从冬至开始的二十四节气中逢偶序数的节气。

05.006 天干 celestial stem

中国古代的一种文字计序符号,共 10 个字:甲、乙、丙、丁、戊、己、庚、辛、壬、癸,循环使用。

05.007 地支 terrestrial branch

中国古代的一种文字计序符号,共12个字:子、丑、寅、卯、辰、巳、午、未、申、酉、戌、亥,循环使用。

05.008 六十干支周 sexagesimal cycle

中国古代把天干和地支各循序取一字相配成一对干支,形成一种新的较长的计序符号系统,如:甲子、乙丑、丙寅……等,共可配成 60 对干支,然后周而复始 ,故称六十干支周。

05.009 阳历 solar calendar

主要按太阳的周年运动来安排的历法。它的一年有 365 日左右。

05.010 阴历 lunar calendar

主要按月亮的月相周期来安排的历法。它的一年有 12 个朔望月,约 354 或 355 日 。

05.011 阴阳历 lunisolar calendar

兼顾月相周期和太阳周年运动所安排的历法。一年有 12 个朔望月,过若干年安置一个闰月,使年的平均值大约与回归年相当。

05.012 岁星纪年 Jupiter cycle

中国古代的一种以岁星所在位置来纪年的纪年法。

05.013 儒略纪元 Julian era

儒略日的计算起点。定在公元前 4713 年儒略历 1 月 1 日格林尼治平午。

05.014 格里年 Gregorian year

格里历的年平均长度,一格里年为 365.2425 日。

05.015 沙罗周期 Saros

古巴比仑人发现的日、月食周期,他们称之为沙罗。中国译称沙罗周期。该周期的时间长度为 223 个朔望月。

05.016 默冬章 Metonic cycle
古希腊人默冬在公元前 432 年提出的置闰周期:在 19 个阴历年中安置 7 个闰月,即可与 19 个回归年相协调。其实中国早在默冬之前 100 多年就已发现了这个周期。随后在历法计算中使用了它,称之为 1 章。

05.017 晨出 heliacal rising
行星或恒星在日出前刚刚在东方地平线上出现。中国古代称为晨出东方,现代称偕日升。

05.018 夕没 heliacal setting
行星或恒星在日落后刚刚没入西方地平线附近不见。中国古代称为夕没西方,现代称为偕日落。

05.019 距星 determinative star
中国古代二十八宿中,每宿有一颗作为测量赤经相对标志的恒星,称为该宿的距星。其后,距星概念也推广到任何一个多星的星官之中。

05.020 七曜 seven luminaries
中国古代对日、月、五星的一种总称。

05.021 启明星 Phospherus
在日出前见于东方的金星。

05.022 长庚星 Hesperus
在日落后见于西方的金星。

05.023 游星 wandering star
中国古代对行星的别称。

05.024 客星 guest star
中国古代把那些突然在星空中出现,以后又慢慢消失的天体称之为客星。因其犹如客人般来临又离去一样,故称。客星主要指彗星、新星或超新星。

05.025 暂星 temporary star
中国古代对客星的别称。因它们的出现都是暂时的。

05.026 天关客星 Tian-guan guest star
中国和日本史书记载的出现在天关星 (金牛 ζ) 附近的客星,即著名的 1054 年超新星。

05.027 1054 超新星 supernova of 1054 (CM Tau)
公元 1054 年出现在金牛座 ζ 星附近的超新星。

05.028 第谷超新星 Tycho's supernova (SN Cas 1572)
1572 年出现在仙后座的一颗超新星。因是丹麦天文学家第谷发现和最先研究的,故称。其实中国比第谷早 3 日就已观测到了这颗新星。

05.029 开普勒超新星 Kepler's supernova (SN Oph 1604)
1604 年出现在蛇夫星座的一颗超新星。因是德国天文学家开普勒最先观测和研究的,故称。

05.030 盖天说 theory of canopy-heavens
中国古代的一种宇宙学说。有两种:(1)"天圆如张盖,地方如棋局"为旧盖天说;(2)"天似盖笠,地法复磐,天地各中高外下"记载于《周髀算经》,为新盖天说,或周髀说。

05.031 浑天说 theory of sphere-heavens
中国古代的一种宇宙学说,可能始于战国时期。认为天是一圆球,地球在球中,如同蛋黄在蛋内一样,而不停地转动着。

05.032 宣夜说 theory of expounding appearance in the night sky
中国古代的一种宇宙学说,认为天没有一

层固体的壳,而是高远无极的虚空,日月众星自然浮生在这个虚空中,由气控制着它们的运动。

05.033 原气说 original gas hypothesis
中国古代的一种宇宙本原学说,认为宇宙起源于某种气,经演化而成今天的宇宙。

05.034 宗动天 primum mobile
西方古代天文学认为,在各种天体所居的各层天球之外,还有一层无天体的天球称为宗动天,它带动其内部各层天球作周日运动。

05.035 托勒玫体系 Ptolemaic system
古希腊天文学家提出的一种地心宇宙体系。主张地球居宇宙中心静止不动,日、月、行星及恒星均绕地球运行。因托勒玫给予最完整的论述而得名。

05.036 第谷体系 Tychonic system
丹麦天文学家第谷于16世纪提出的一种介于地心和日心体系之间的宇宙体系。认为地球静居中心,行星绕日运动,而太阳则率行星绕地球运行。

05.037 本轮 epicycle
古希腊天文学家阿波罗尼提出的用来解释地心体系的一种假想的圆圈,行星沿本轮绕本轮中心旋转,而本轮中心则沿均轮绕地球运转,用来解释行星视运动的"逆"和"留"等现象。

05.038 均轮 deferent
古希腊天文学家阿波罗尼提出的用来解释地心体系的一种假想圆圈。参见本轮。

05.039 日心体系 heliocentric system
古希腊天文学家阿里斯塔克于公元前3世纪提出,认为太阳是宇宙中心的宇宙体系。一直到16世纪哥白尼正式提出日心说,并作出系统的理论证明。

05.040 地心体系 geocentric system
认为地球位于宇宙中心的宇宙体系。中国古代的浑天说就是一种地心体系。西方的地心体系则在公元前4世纪由古希腊哲学家亚里士多德提出,公元2世纪希腊天文学家托勒玫加以发展。

05.041 《天文学大成》 Almagest
托勒玫的主要天文著作,希腊天文学的总结,中世纪欧洲和阿拉伯天文学的经典读物,共13卷。元代传入中国。

05.042 康德-拉普拉斯星云说 Kant-Laplace nebular theory
德国康德于1755年,法国拉普拉斯于1796年各自分别提出的有关太阳系起源的学说。

05.043 宇宙岛 island universe
19世纪中叶,德国科学家洪堡提出的宇宙结构图象。将宇宙比喻为大海,银河系和其他类似天体系统则是海洋中的小岛。

05.044 二星流假说 two stream hypothesis
关于恒星运动方向的一种学说。由荷兰天文学家卡普坦于1904年提出。认为:扣除太阳运动影响后的恒星运动,不是在天球上无规则地分布,而是绝大部分分布在两个星流里,它们分别指向两个方向。后来证明,这个现象是银河系自转的一个反映。

05.045 拜尔星座 Bayer constellation
德国天文学家拜尔划分的星座。

05.046 考古天文学 archaeoastronomy
天文学史的分支,应用考古学手段和天文学方法,从古代人类文明的遗址、遗物来研究探讨有关古代天文学的发展和内容。

05.047 玛雅天文学 Mayan astronomy

公元3—9世纪,美洲印第安人的一支玛雅人的古典文化时期中创立的天文学。

05.048 美索不达米亚天文学 Mesopotamian astronomy

今伊拉克共和国境内底格里斯河和幼发拉底河一带美索不达米亚(意为两河之间地区)于公元前30世纪到公元前64年间创造的天文学。

05.049 占星术 astrology

根据天象来预卜人间吉、凶、祸、福的一种方术。在中国古代主要是根据各种罕见的或不合"正常"规律的天象来预卜国家大事及帝王将相的命运,推动了天象观测。西方则主要根据日、月、五星在星空中的位置来预卜个人的命运。

05.050 天宫图 horoscope

西方占星术中所使用的一种表明某一时刻日、月、五星位置的星空图。

05.051 巨石阵 Stonehenge

英国索尔兹伯里以北的古代巨石建筑遗迹。阵中巨石的排列,可能是远古人类为观测天象而置的。推动了考古天文学的发展。

05.052 圭 gnomon shadow template

位于南北方向水平安置用来测量正午表影长度具有分划的标尺。

05.053 表 gnomon

具有一定高度竖直安置用来测量正午日影长度的标杆。

05.054 圭表 gnomon

测量正午日影长度的天文仪器。由竖直安放的表及在表足南北方向水平安置的圭组成。

05.055 景符 shadow definer

中国古代一种天文仪器附件。主体是一块有小孔的薄板,把它斜置在圭表的圭面上,可观测到清晰的太阳和表端的象,从而提高圭表测影的准确度。由元朝郭守敬发明。

05.056 窥管 sighting-tube

又称"望筒"。古代天文测量仪器上用来瞄准天体的瞄准管。

05.057 浑象 celestial globe

古代根据浑天说用来演示天体在天球上视运动及测量黄赤道坐标差的仪器。

05.058 浑仪 armillary sphere

由相应天球坐标系各基本圈的环规及瞄准器构成的古代天文测量仪器。

05.059 简仪 abridged armilla

中国元代郭守敬将浑仪结构简化重新组合而创造的天文测量仪器。

05.060 正方案 direction-determining board

中国元代郭守敬发明的一种天文仪器。是一种正方形的、昝面上有多重圆环、外重圆环有周天刻度的特殊的地平日晷。用来测定子午线,也可以侧立起来测天体的高度和去极度。

05.061 象限仪 quadrant

(1) 由一竖直安放的90°象限弧及瞄准器构成的用来测量天体地平经度的古代天文测量仪器。(2) 特指康熙年间由比利时传教士南怀仁监制的清代八件大型铜制天文仪器之一。

05.062 墙仪 mural circle

由子午线方向的竖直墙壁上悬挂的全圆或半圆环规及一个瞄准器组成。用来测定天体的地平纬度和去极度。

05.063 墙象限仪 mural quadrant

在子午线方向的竖直墙壁上安置的象限

仪。

05.064　纪限仪　sextant
清制八件大型铜铸天文仪器之一。由一60°弧及瞄准器构成。用来测量天球上任意两天体间角距离的天文仪器。

05.065　玑衡抚辰仪　elaborate equatorial armillary sphere
清制八件大型天文测量仪器之一。结构与浑仪基本相同。

05.066　赤道经纬仪　equatorial armillary sphere
清制八件大型铜铸天文仪器之一。用来测量天体的赤经、赤纬值及视太阳时刻。

05.067　黄道经纬仪　ecliptic armillary sphere
清制八件大型铜铸天文仪器之一。用来测定天体的黄经和黄纬值。

05.068　赤基黄道仪　torquetum
一种黄道仪。它的底座安装在一个仪器的赤道面上。黄道仪本身可以绕天轴转动，以使仪器的黄道面与天空的黄道面随时保持一致。

05.069　地平经纬仪　altazimuth
清制八件大型铜铸天文仪器之一。用来测定天体(或目标)的地平经度、地平纬度。

05.070　地平经仪　horizon circle
清制八件大型铜铸天文仪器之一。用来测量天体的地平经度。

05.071　仰仪　upward-looking bowl sundial
又称“仰釜日晷”。元代郭守敬创制的天文仪器。为一水平仰置的半球形铜釜，球心处有一带小孔的板，利用针孔成象原理来测定太阳的赤纬和时角，在日食时也可用以测定各食相的时刻。

05.072　日晷　sundial
观测日影测定视太阳时的天文仪器。由晷针和晷面两部分构成，按晷面放置的方向，可分为赤道、地平、竖立、斜立等型式。

05.073　星晷　star-dial
一种晷。夜间观测恒星以确定视地方时。

05.074　漏刻　clepsydra
古代用水从容器中流出的量来计量时刻的计时仪器。由置水的容器和计量水量(有刻划)的标杆组成。

05.075　漏壶　clepsydra
(1)即漏刻。(2)漏刻的置水容器。

05.076　漏箭　indicator-rod
漏刻的测量水位高度的带有分划的标杆。

05.077　沙漏　sand clock, sand glass
应用颗粒均匀的砂粒从容器中漏出的量来计量时刻的计时工具。

05.078　秤漏　steelyard clepsydra
应用杆秤，称量流入(容器)的液体的重量来计量时间的计时仪器。

05.079　水钟　water-clock
(1)以漏水的重量通过传动装置带动指示部件以给出时刻的计时仪器。(2)指漏刻。

05.080　夜间定时仪　nocturnal
夜间测定时刻的装置。流行于十六世纪的欧洲。由一中心带孔的多重刻度盘和一可绕中心转动的长尺构成。观测时，先按当日太阳所在调整好各盘的位置，再将小孔对向北极星，转动长尺，使之与大熊座α和β二星相切。从长尺所在，即可读得地方真太阳时。

05.081　星盘　astrolabe
测量天体高度的仪器。由一刻有度数的圆盘及一根瞄准管构成。

05.082　三角仪　triquetum

古希腊曾称"星位仪(organon parallacticon)"。托勒玫发明用于测定天体天顶距的仪器。由一根垂直放置的定尺,一根挂在定尺上端、并可绕它上下转动的动尺和一根连接定尺及动尺下端的横尺构成。动尺上装有窥管。整个仪器又可绕垂直线旋转,以使窥管可以转向天空任一点。从横尺上的动尺位置可以读出指定点的天顶距。

05.083　行星定位仪　equatorium

一种中世纪的器具。用于图解托勒玫的方程式,以求出行星的位置。

05.084　太阳系仪　orrery

演示太阳系内大天体运动的仪器。1706年,英国格雷厄姆(G. Graham)为奥雷里(Orrery)伯爵制造,因而称之为Orrery。后演变为这类仪器的统称。

05.085　太史令　imperial astronomer

中国古代,始自秦汉掌管天文历法的长官。秦汉属太常,隋属秘书省,官署为太史监,长官为太史令,唐属秘书省,官署为太史局时长官为太史令,元初设太史院时及明吴元年前称太史令。

05.086　司天监　imperial astronomer

(1)中国古代掌管天文历法的长官。唐自乾元元年(758年)起官署称司天台;五代及北宋元丰改制前官署称司天监,主官称监。金官署称司天台,长官提点以下有监,元官署称司天监长官称监;(2)中国古代掌管天文历法的官署。

05.087　钦天监监正　imperial astronomer

中国明清两代掌管天文历法的长官。

05.088　皇家天文学家　Astronomer Royal

自1675年格林尼治天文台建立时开始,英格兰授予杰出天文学家的称号,他也就是格林尼治天文台的台长。直到1971年两者才分开。

06. 天 文 仪 器

06.001　赤道仪　equatorial

配备有赤道装置机架的各种天文望远镜及仪器的统称。

06.002　天文望远镜　astronomical telescope

收集天体辐射并能确定辐射源方向的天文观测装置,通常指有聚光和成象功能的天文光学望远镜。

06.003　光学望远镜　optical telescope

使用在可见光区并包括近紫外和近红外波段(波长300—1 000nm)的望远镜。

06.004　射电望远镜　radio telescope

接收和研究天体无线电波(频率20kHz—3GHz)的天文观测装置。

06.005　折射望远镜　refractor, refracting telescope

物镜为透镜的光学望远镜。

06.006　反射望远镜　reflector, reflecting telescope

物镜为反射镜的光学望远镜。

06.007　折反射望远镜　catadioptric telescope

物镜由反射和透射元件相组合的光学望远镜。

06.008　红外望远镜　infrared telescope

在红外波段(波长0.8—1 000μm)进行天文观测的望远镜。

06.009 紫外望远镜 ultraviolet telescope
在紫外波段(波长91.2—300nm)进行天文观测的望远镜。

06.010 X射线望远镜 X-ray telescope
探测和研究天体X射线发射(波长0.002 4—12nm,或100—500 000eV能段)的望远镜。

06.011 掠射望远镜 grazing-incidence telescope
由入射角接近于90°状态下进行反射的镜面聚焦成象的望远镜。通常使用于远紫外及软X射线波段。

06.012 伽利略望远镜 Galilean telescope
用负透镜作为目镜的目视用望远镜。成正象。因伽利略首先用这种望远镜进行天文观测而得名。

06.013 牛顿望远镜 (1)Newtonian telescope, (2)Isaac Newton Telescope, INT
(1) 在反射望远镜主镜的焦点前放置一块与光轴倾斜为45°的平面镜,将焦面引出到镜筒一侧便于进行观测的一种反射望远镜。(2) 英国建造的,以牛顿命名的一架口径2.5m的光学望远镜。

06.014 开普勒望远镜 Keplerian telescope
采用正透镜作为目镜的目视用望远镜。成倒象,但光学性能优于伽利略望远镜。因发明者得名。

06.015 赫歇尔望远镜 (1)Herschelian telescope, (2)William Herschel Telescope, WHT
(1) 使反射望远镜的主镜直接成象在镜筒的边缘便于观测的一种最简单的反射望远镜。因发明者而得名。(2) 英国于1987年建成的,口径4.2m的以赫歇尔命名的光学望远镜。

06.016 卡塞格林望远镜 Cassegrain telescope
一种双镜面反射望远镜,由凹面主镜与一个凸面副镜组成,其焦点一般位于主镜中央孔后面。因发明者而得名。

06.017 施密特望远镜 Schmidt telescope
由一块凹球面镜和一块置于球面镜曲率中心处的薄板状非球面改正透镜所组成的一种折反射望远镜。因发明者而得名。

06.018 马克苏托夫望远镜 Maksutov telescope
由一块凹球面镜和一块置于球面镜前面的厚弯月形透镜所组成的一种折反射望远镜。因发明者而得名。

06.019 海尔望远镜 Hale telescope
美国帕洛玛天文台的口径5m的反射望远镜。因该镜的倡建者而得名。

06.020 卡普坦望远镜 Jacobus Kapteyn Telescope, JKT
英国的口径1m大视场天体测量望远镜。

06.021 英澳望远镜 Anglo-Australian Telescope, AAT
英—澳联合建设的口径3.9m光学望远镜。1974年落成于澳大利亚。

06.022 宇航局红外望远镜 NASA Infrared Telescope Facility, IRTF
美国宇航局于1979年在夏威夷建成的地基红外望远镜,口径3m。

06.023 英国红外望远镜 UK Infrared Telescope Facility, UKIRT
英国的口径3.8m地基红外望远镜。1979年建成于夏威夷。

06.024 新技术望远镜 New Technology Telescope, NTT
欧南台(ESO)的口径3.5m光学/红外望

远镜。1988 年建成,为甚大望远镜(VLT)的中间试验品。

06.025 昴星团望远镜 Subaru Telescope
日本研制中的口径 8m 的地基光学/红外望远镜。

06.026 凯克望远镜Ⅰ Keck Ⅰ Telescope
美国 Lick 天文台研制的口径 10m 的地基巨型光学望远镜。于 1993 年建成。以资助人凯克(Keck)夫人的姓氏命名。

06.027 凯克望远镜Ⅱ Keck Ⅱ Telescope
美国 Lick 天文台研制中的第二台口径 10m 的地基巨型光学望远镜。

06.028 甚大望远镜 Very Large Telescope, VLT
欧南台(ESO)研制的地基大型天文设备。VLT 由 4 架口径均为 8.2m 的光学望远镜组成的阵,聚光本领相当于口径 16m 的镜面。于 2000 年全部建成。

06.029 双子望远镜 Gemini Telescope
美国研制中的两架口径为 8m 的光学望远镜。分别安装在夏威夷(北半球)和智利(南半球)。

06.030 多镜面望远镜 multi-mirror telescope, MMT
由多个反射望远镜系统共同装在一个机架上并将各个系统的光路引导到一个公共焦点位置进行接收观测的一种望远镜。

06.031 拼合镜面望远镜 segmented mirror telescope, SMT
主镜由多块扇形小镜面拼接而成的一种反射望远镜。

06.032 镶嵌镜面望远镜 mosaic mirror telescope
主镜由多块六角形或圆形的小镜面拼合成的一种反射望远镜。

06.033 抛物面天线 paraboloidal antenna
反射面为旋转对称抛物面的天线。用以接收或发射无线电波。

06.034 克里斯琴森十字 Christiansen Cross
用分立的天线排列成十字形的一种具有高分辨率的射电望远镜阵。因创制者而得名。

06.035 米尔斯十字 Mills Cross
用二具分别沿东西和南北向交叉放置的抛物柱面天线组成的具有二维高分辨率的射电望远镜。因创制者而得名。

06.036 甚大阵 Very Large Array, VLA
美国于 1981 年在新墨西哥州建成的由 27 架直径 25m 天线沿 Y 字形分布的大型综合孔径射电望远镜。它能达到 27km 直径射电望远镜的效果。

06.037 甚长基线干涉仪 very long baseline interferometer, VLBI
用两架具有独立原子频标和记录设备的射电望远镜同步观测同一目标并进行事后相关处理的射电干涉仪。其基线长度可达几千千米以上。

06.038 自转综合 rotation synthesis
由若干天线按一定方式排列,利用地球自转获得等效于一个大天线的射电成象观测技术。

06.039 光子计数 photon-counting
用电子学方法记录光电子的数目以测定入射光量的技术。

06.040 天文底片 astronomical plate
用于天文观测的照相底片。按颗粒大小、光谱响应及灵敏度分成多种规格型号,适应不同用途。

06.041 电荷耦合器件 charge-coupled

device, CCD

一种作为光辐射接收器的固态元件。光子转换成的电荷累积在该器件各象元的势阱内,通过转移,顺次读出电荷,以得到相应的图象信息。

06.042 光瞳光度计 iris photometer

用于测量恒星星等差的光度计。用一旋转盘调制星象的光束和比较光束,调节星象光束内的光瞳,使两束光的光强相等。光瞳大小的读数作为该星亮度的度量 。比较二颗星的光瞳读数即得星等差。

06.043 图象数字仪 photo-digitizing system, PDS

又称"测光数据系统(photometric data system)"。是一种对图象底片的密度与位置进行测量,并进行计算机处理的设备。

06.044 坐标量度仪 coordinate measuring instrument

利用精密刻度尺和测微器组成的直角坐标读数系统来测定照相底片上天体位置的专用光学仪器。

06.045 闪视比较仪 blink comparator

将不同时间拍摄同一天区的二张底片交替出现在目镜视场内加以比较,以确定该天区内个别天体有无位置或亮度变化的天文测量仪器。

06.046 敏化 hypersensitization

天文底片经技术处理以提高感光灵敏度的措施。

06.047 底片雾 photographic fog

未经曝光的照相底片用正常方法冲洗后所呈现的背景密度。

06.048 焦比衰退 focal ratio degradation, FRD

会聚光束通过光纤后,引起出射光束的发散度增加的现象。

06.049 象管 image tube

又称"象增强器(image intensifier)"。将光学图象成象在光阴极面上,通过光电子发射、电场加速,使电子束成象在荧光屏上的方法得到较原图增亮许多倍的光学象的电真空成象器件。

06.050 变象管 image converter

象管的一种。能使不可见的图象,如红外象、紫外象或 X 射线象,变成可见光波段的象,以便观察和记录。

06.051 电子照相机 electronographic camera

以细颗粒底片代替象管中荧光屏的电真空成象装置。

06.052 主动光学 active optics

为消除望远镜的光学系统及支架受重力和温度等因素影响引起的变形而采用的一种波面校正技术。

06.053 自适应光学 adaptive optics

由大气引起的波面误差由一个可变形的镜面进行实时校正的光学技术。

06.054 光学综合孔径成象技术 optical aperture-synthesis imaging technique

用两个或多个小口径光学系统得到高分辨率光学图象的技术。

06.055 恒星干涉仪 stellar interferometer

取恒星或密近双星发来的光波波前的不同部位并使其产生干涉条纹以测定恒星角直径或双星角距离的光学干涉装置。

06.056 天象仪 planetarium

一种可在室内演示各种天体及其运动和变化规律的光学仪器。

06.057 主焦点 prime focus

(1) 天文望远镜的物镜直接成象的焦点位置。(2) 抛物面天线的焦点位置。

06.058 牛顿焦点 Newtonian focus
用45°平面镜将抛物面主镜的成象光束转折到镜筒侧面的焦点。

06.059 卡氏焦点 Cassegrain focus
卡塞格林望远镜的焦点位置。

06.060 内氏焦点 Nasmyth focus
将卡氏焦点用45°平面镜引到赤纬轴上或水平轴上而得到的焦点位置。因内史密斯提出而得名。

06.061 折轴焦点 coudé focus
用平面镜将望远镜的焦点引到极轴或垂直轴上,以得到在观测室内不随望远镜指向改变而移动的焦点位置。

06.062 反射镜 reflector, mirror
用于光束会聚、发散和改变方向的高反射率光滑表面。

06.063 主镜 primary mirror
反射式望远镜中对入射光而言的第一块反射镜,一般是望远镜中最大的镜面。

06.064 副镜 secondary mirror
星光射向反射式望远镜经主镜反射后遇到的第二块反射镜。其直径一般比主镜要小。

06.065 抛物面镜 paraboloidal mirror
反射面为旋转对称抛物面的反射镜。

06.066 改正镜 corrector
为改正某些象差而设计的专用光学元件或元件组。一般为透镜或透镜组,也有在平行平板上修磨出的高次曲面平板状改正镜。

06.067 施密特改正板 Schmidt corrector
设置在球面反射镜球心处的非球面平行平板状改正镜,用以消除轴上球差而得到具有优良象质的大视场光学系统。因发明者而得名。

06.068 弯月形透镜 meniscus
由两个曲率半径较小,数值相差也很少的球面构成的新月形透镜。选择适当的厚度时具有自消色差的能力,产生负光焦度及负球差。

06.069 光阑孔径 diaphragm aperture
光学系统中轴上光束及轴外光束共同通过的区域的直径。

06.070 有效孔径 effective aperture
光学或射电望远镜实际能通过的光束或微波束的直径。

06.071 连续孔径 filled aperture
光学或射电望远镜口径由连续的几何面形决定的镜面结构。

06.072 分立孔径 unfilled aperture
光学或射电望远镜的口径由独立的几个镜面之和决定而具有合成焦点的镜面结构。

06.073 综合孔径 aperture synthesis
将若干天线或镜面按一定的形式排列成阵,以得到大接收面积和高分辨率的成象技术。

06.074 等值焦距 equivalent focal length
一个复杂光学系统所具有的与单个光学元件相等效的焦距数值。

06.075 RC系统 Ritchey-Chrétien system
一种同时消除了球差和彗差的改进型卡塞格林望远镜光学系统。其主镜和副镜均为双曲面。因发明者而得名。

06.076 齐明系统 aplanatic system
同时消除了球差和彗差的光学成象系统。

06.077 赤道装置 equatorial mounting

望远镜的一种机架。其中一根转动轴与地球自转轴平行,为极轴,另一转动轴与之垂直,为纬轴。这种装置在跟踪天体的周日运动时,只需匀速转动极轴。

06.078 德国式装置 German mounting

一种非对称的赤道装置。其纬轴与极轴的上端作 T 字形的联接。纬轴的一端固定望远镜,另一端安装平衡重。

06.079 英国式装置 English mounting

一种非对称式赤道装置。其纬轴以十字形构件连接于极轴的中部。纬轴的一端固定望远镜,另一端安装平衡重。极轴则支撑在南、北两个立柱的轴承座上。

06.080 叉式装置 fork mounting

一种对称式装置。极轴(或地平装置中的方位轴)的上端为一叉状构件,赤纬轴(或地平装置中的高度轴)通过镜筒的重心并支承于叉臂上,使其转动部分的重心位于极轴(或地平装置的方位轴)的轴线上。

06.081 轭式装置 yoke mounting

一种对称式赤道装置。类似于英国式装置,其纬轴通过一长的框架与极轴相联并位于框架平面内,使转动部分的重心位于极轴上。

06.082 地平装置 altazimuth mounting, azimuth mounting

望远镜的一种机架。其中一根转动轴位于垂直方向,为方位轴;另一转动轴位于水平位置,为高度轴,望远镜将按地平坐标指向目标。但为跟踪天体的周日运动,二轴必须作非匀速转动,而且视场是旋转的。

06.083 导星镜 guiding telescope

与望远镜主光学镜筒平行设置的较小的望远镜筒,用于目视或光电自动导星。

06.084 导星装置 guiding device

用目视或光电手段实现导星目的的技术装置。

06.085 偏置导星装置 offset guiding device

利用观测目标附近的恒星进行导星的技术装备。

06.086 自动导星装置 auto-guider

用光电或电视手段,在导星过程中不需要人参与的导星装置。

06.087 电视导星镜 TV guider

用电视手段实现导星的导星装置。

06.088 缩焦器 focal reducer

为增大望远镜系统的焦比并扩大可用视场而设计的光学系统。

06.089 较差弯沉 differential flexure

两组仪器的主轴在共同外力(如重力)的作用下产生的弯曲变形量不相等的现象。

06.090 赛路里桁架 Serrurier truss

支撑大型望远镜主镜室和副镜室的一种桁架结构,可使望远镜在倾斜或水平位置时,主镜和副镜产生同等的下沉量而不出现主、副镜光轴之间的交角,从而保持良好的光学象质。因 Serrurier 发明而得名。

06.091 镜室 mirror cell

用以支放望远镜主镜或副镜的机械部件。

06.092 露罩 dew-cap

在物镜的前端附加的一节薄壁筒,用以防止镜头在长时间晚间观测时表面结露。

06.093 圆顶室 dome

安置和保护天文望远镜的专用建筑物。通常其下部为圆柱形结构,顶部为一可转动的半球壳体,其上有可启闭的天窗。

06.094　转仪装置　driving mechanism
用以驱动赤道式天文望远镜作跟星运动的机电装置。

06.095　微晶玻璃　glass-ceramic
内部结构为微晶体，具有极低热膨胀系数的玻璃。天文上主要用作反射镜坯。

06.096　哈特曼检验　Hartmann test
一种基于几何光学原理检验天文望远镜光学系统质量的方法。因发明者而得名。

06.097　天体照相仪　astrograph
专供使用照相底片直接接收和记录焦平面图象的天文望远镜。

06.098　双筒天体照相仪　double astrograph
具有两个平行镜筒的天体照相仪，主要用于天体的发现、证认和双色照相测光等工作。

06.099　巡天照相机　patrol camera
用于对天空进行有计划的天区覆盖性摄影的一种大视场天体照相仪。

06.100　施密特照相机　Schmidt camera
专门用于照相的施密特望远镜。有时亦指以同样原理构成的照相系统。

06.101　天体摄谱仪　astrospectrograph
附加于天文望远镜焦点之后，用来获得天体光谱的仪器。

06.102　卡焦摄谱仪　Cassegrain spectrograph
接在望远镜的卡氏焦点处的摄谱仪。

06.103　内史密斯摄谱仪　Nasmyth spectrograph
置于反射望远镜内氏焦点的天体摄谱仪。

06.104　折轴摄谱仪　coudé spectrograph
接在望远镜折轴焦点处的摄谱仪。

06.105　无缝摄谱仪　slitless spectrograph
在望远镜物镜之前用小顶角棱镜分光或在物镜的会集光路中用棱栅分光的摄谱仪。一般色散很小，无狭缝。

06.106　多天体摄谱仪　multi-object spectrograph
能在一次观测中同时得到多个目标光谱的摄谱仪。一般指多光纤摄谱仪。

06.107　CCD 摄谱仪　CCD spectrograph
用CCD(电荷耦合器件)作为辐射接收器的摄谱仪。

06.108　光纤摄谱仪　fiber-optic spectrograph
用光纤将星象从望远镜的主焦点或卡氏焦点引到狭缝上的天体摄谱仪。摄谱仪可以放置在光纤可及的某一固定位置。光纤沿狭缝高度排列，能同时观测多个目标。

06.109　物端棱镜　objective prism
附加在天体照相机前的一个小顶角棱镜，星光先经它色散，再经望远镜聚焦成光谱。

06.110　物端光栅　objective grating
置于望远镜入射光瞳处的一种透射光栅，作用与物端棱镜相同。

06.111　定向光栅　blazed grating
刻槽形状经计算而选定的衍射光栅，在一定的入射角下，其色散后的光能量大部分集中于特定级次的一段波长范围内。

06.112　棱栅　grism
复制在直角棱镜斜边上的直视透射光栅。

06.113　透镜棱栅　grens
对整个视场内的天体分光的元件，由置于望远镜焦前的象场改正透镜与棱栅组合而成。

06.114 星象切分器 image slicer

在有缝摄谱仪中,星象大于狭缝宽度时,将不能进入狭缝的星光用光学方法分成若干份并使之沿狭缝排在原星象之上及下方通过狭缝而被利用的光学装置。

06.115 象消转器 image derotator

为抵消望远镜的折轴焦点上或地平式望远镜的内氏焦点上星象的绕光轴旋转运动而设计的光学机械机构。

06.116 视向速度仪 radial-velocity spectrometer, RVS

用两个晚型星光谱中共有吸收线系的整体相对位移量来测定它们之间相对视向速度的观测装置。

06.117 鬼象 ghost image

(1) 由于透镜表面反射而在光学系统焦面附近产生的附加象,其亮度一般较暗,且与原象错开。(2) 光栅摄谱仪中由于光栅刻制的缺陷而产生的较暗的寄生谱线。

06.118 阿贝比长仪 Abbe comparator

通过与一精密毫米标尺相比较,以测定光谱底片上谱线间距离的仪器。根据阿贝提出的精密测量原理而设计,即被测距离在标尺的延长线上。

06.119 红外分光 infrared spectroscopy

红外波段的分光技术。

06.120 恒星视向速度仪 radial-velocity spectrometer, stellar speedometer

利用多普勒现象测定恒星视向速度的仪器。

06.121 CCD 照相机 CCD camera

用 CCD(电荷耦合器件)作为辐射接收器的照相装置。

06.122 子午环 meridian circle, transit circle

测定恒星过子午圈时刻及天顶距以求恒星赤经及赤纬的天体测量仪器,备有精密的垂直度盘。

06.123 水平子午环 horizontal transit circle

望远镜筒固定在水平位置,用平面镜在物镜前转动来指向不同天顶距恒星的子午环。

06.124 卡尔斯伯格自动子午环 Carlsberg Automatic Meridian Circle, CAMC

英国—丹麦联合研制的全自动子午环。

06.125 照准标 mire

为检查子午环正南北偏差而设立在离子午环正北或正南几十米远处的观测目标。

06.126 中星仪 transit instrument

又称"子午仪(meridian instrument)"。观测恒星过子午圈时刻的一种天体测量仪器。

06.127 光电中星仪 photoelectric transit instrument

用光电装置自动记录恒星通过子午圈时刻的中星仪。

06.128 等高仪 astrolabe

观测恒星在不同方位相继通过一个固定天顶距的时刻来同时测定时间和纬度的仪器。

06.129 光电等高仪 photoelectric astrolabe

用光电方法自动记录恒星经过等高圈时刻的等高仪。

06.130 天顶仪 zenith telescope

观测在天顶南北中天的一对恒星的天顶距差来测定纬度的仪器。

06.131 照相天顶筒 photographic zenith tube, PZT

通过对天顶附近恒星照相，以测定世界时和纬度的仪器。

06.132 浮动天顶仪 floating zenith telescope, FZT
天顶仪的一种，其主要特征是整个装置浮在圆周形水银槽内代替垂直轴。

06.133 定天镜 coelostat
由二个平面镜组成的太阳跟踪系统。第一镜以二分之一周日运动速度绕极轴转动。

06.134 定日镜 heliostat
以二分之一周日运动速度转动的一块平面镜组成的太阳跟踪系统。经反射后的光束平行于地球极轴。

06.135 定星镜 siderostat
类似于定日镜的平面镜装置，用于观测恒星。

06.136 太阳望远镜 solar telescope
专门用来研究太阳的光学望远镜。

06.137 太阳塔 solar tower
又称"塔式望远镜(tower telescope)"。高塔状太阳观测设备。光线沿垂直方向，通过一封闭圆筒引至地面或地下装有测量仪器的观测室。

06.138 组合太阳望远镜 spar
能同时观测多种太阳物理现象的多镜筒望远镜。

06.139 色球望远镜 chromosphere telescope
观测太阳色球用的望远镜。一般摄取 Hα 单色象。少数拍摄电离钙 K 线或其他色球线的单色象。

06.140 太阳单色光照相仪 spectroheliograph
装在太阳望远镜上使用的仪器。通过入射狭缝和出射狭缝沿太阳象同步扫描的方法，可获得各种波长的单色太阳象。

06.141 日冕仪 coronagraph
能在非日食时用来研究太阳日冕和日珥的形态和光谱的仪器。

06.142 磁象仪 magnetograph
利用塞曼效应测量日面上磁场矢量分布图的仪器。

06.143 射电日象仪 radio heliograph
一般为空间分辨力很高的射电干涉仪。常用来绘制太阳射电日面分布图。

06.144 利奥滤光器 Lyot filter
干涉偏振滤光器的一种。广泛用于得到各种太阳单色象。因发明者而得名。

06.145 干涉偏振滤光器 polarization interference filter
利用偏振干涉原理制成的滤光器，一般透过带很窄。

06.146 全球[太阳]振荡监测网 Global Oscillation Network Group, GONG
由地理经度均匀分布的智利、美国加州和夏威夷、澳大利亚、印度以及西班牙加那利群岛共六个观测站组成的太阳整体振荡观测网。

06.147 记时仪 chronograph
用以记录天文事件发生时刻的机械记时设备。

06.148 恒星钟 sidereal clock
以恒星时为计时单位的钟。

06.149 石英钟 quartz clock
以石英晶体片的压电振荡原理工作的精确时间和频率标准。

06.150 原子钟 atomic clock

利用某种原子的特定能级之间的量子跃迁原理工作的精确时间和频率标准。

06.151 分子钟 molecular clock
利用某种分子在特定能级之间的量子跃迁原理工作的精确时间和频率标准。

06.152 氢钟 hydrogen clock
以氢原子为工作物质的原子钟。

06.153 氨钟 ammonia clock
以氨分子为工作物质的分子钟。

06.154 铷钟 rubidium clock
以铷原子为工作物质的原子钟。

06.155 铯钟 caesium clock
以铯原子为工作物质的原子钟。

06.156 国际紫外探测器 International Ultraviolet Explorer, IUE
欧美共同研制的天文卫星。1978 年 1 月进入环地轨道。载有口径 43cm 光学望远镜和光栅摄谱仪。

06.157 极紫外探测器 Extreme Ultraviolet Explorer, EUVE
1992 年 6 月发射的天文卫星。1993 年已完成极紫外波段的巡天计划,转而从事指定天体的观测。

06.158 宇宙背景探测器 Cosmic Background Explorer, COBE
1989 年 11 月发射并进入环地轨道的飞行器,使命是探测远红外和毫米波段的背景辐射及其起伏变化。

06.159 太阳极大使者 Solar Maximum Mission, SMM
为了迎接太阳活动峰年,美国和欧洲合作于 1980 年 2 月发射的太阳探测器。载有日冕仪、偏振计、X 波谱仪、γ 波谱仪、太阳常数测定计等。SMM 超期运作到 1989 年 11 月。

06.160 红外空间天文台 Infrared Space Observatory, ISO
欧洲空间局于 1995 年发射的天文卫星,上载有口径 60cm 红外望远镜。

06.161 红外天文卫星 Infrared Astronomical Satellite, IRAS
欧美联合研制的红外天文探测卫星。载有口径 60cm 红外望远镜,在 1983 年的运作期间,记录到 25 万个宇宙红外点源。

06.162 空间红外望远镜 Space Infrared Telescope Facilities, SIRTF
美国宇航局研制中的天文卫星上载的口径 85cm 红外望远镜。

06.163 天空实验室 Skylab
1973 年美国发射的载人空间站。站上拥有阿波罗望远镜和其他仪器,主要观测太阳和地球。还从事人类在失重状态下生理和心理上反应等各种科学研究工作。1979 年 7 月坠落。

06.164 空间实验室 Spacelab
美欧联合研制的、可重复运作的环地轨道飞行器。1983 年首次进入空间。

06.165 空间望远镜 space telescope
设置在大气层外进行天文观测的望远镜。

06.166 哈勃空间望远镜 Hubble space telescope, HST
1990 年 4 月 24 日发射的,设置在地球轨道上的,通光口径 2.4m 的反射式天文望远镜。用于从紫外到近红外(115—1 010nm)探测宇宙目标。配备有光谱仪及高速光度计等多种附属设备。由高增益天线通过中继卫星与地面联系。计划工作 15 年。为纪念 E. P. Hubble 而得名。

06.167 轨道太阳观测站 Orbiting Solar

Observatory, OSO

1962 年到 1975 年间发射的一组研究太阳和太阳活动的人造卫星。共 8 颗。内装日冕仪,单色光照相仪,紫外和 X 射线光谱仪,光度计,γ 射线探测器和粒子探测器等仪器。

06.168 柯伊伯机载天文台 Kuiper Airborne Observatory, KAO

美国宇航局的由大型运输机 C-141 运载的红外望远镜,口径 41cm。1975 年首航。以机载红外望远镜的倡导者天文学家柯伊伯命名。

06.169 X 射线天文卫星 Exosat

欧洲空间局研制的宇宙 X 射线探测器,于 1983 年 5 月发射。载有二架掠射式望远镜。

06.170 X 射线天文台 ROSAT

德国、美国和英国联合研制的宇宙 X 射线探测器,于 1991 年 6 月发射。到 1993 年已完成 X 射线和极紫外天图绘编,发现了 10^5 个宇宙 X 射线源。

06.171 高新 X 射线天体物理观测台 Advanced X-ray Astrophysical Facility, AXAF

美国宇航局研制中的新一代 X 射线天文卫星。

06.172 γ 射线天文台 γ-Ray Observatory, GRO, Compton γ-Ray Observatory, CGRO

1991 年 4 月由航天飞机送入环地轨道的高能天文探测器。发射成功后冠以物理学家康普顿之名。

06.173 轨道天文台 Orbiting Astronomical Observatory, OAO

1966—1972 年间美国发射的二颗卫星,用在紫外线、X 射线和 γ 射线波段探索宇宙,编号为 OAO-1 及 OAO-2 。

06.174 爱因斯坦天文台 Einstein Observatory

为高能天文台系列卫星中的第二号。HEAO-2,安装有直径 60cm 的多层重叠的掠射式 X 射线望远镜。发射于 1978 年 11 月,为纪念爱因斯坦而命名。

06.175 哥白尼卫星 Copernicus

即轨道天文台 OAO 系列卫星中的第三号 OAO-3 ,发射于 1972 年 8 月 21 日,为纪念哥白尼诞生 500 周年而命名。

06.176 依巴谷卫星 Hipparcos, High Precision Parallax Collecting Satellite

为欧洲空间局(ESA)于 1989 年 8 月 8 日发射的天体测量卫星。装有口径 30cm 的望远镜,到 1993 年停止运作前,已测定 12 万颗恒星的位置、自行和视差。

06.177 自由号卫星 Uhuru

又称“探险者 42 号卫星”。是小型天文卫星 SAS 系列卫星中的 SAS—A,为 X 射线探测卫星,发射于 1970 年 12 月 12 日,适值肯尼亚独立纪念日而取名。

06.178 “索菲雅” Stratospheric Observatory for Infrared Astronomy, SOFIA

美德共同研制的机载红外天文台,为一波音 747 专用飞机运载口径 2.5m 红外望远镜。计划于 1998 年首航。

06.179 “尤利西斯” Ulysses

1990 年 10 月由航天飞机送入空间的太阳极区探测器。1994—1995 年期间,先后飞越太阳南极和北极上空。

06.180 “索贺” Solar and Heliospheric Observatory, SOHO

美国宇航局和欧洲空间局共同研制的太阳探测器,于 1995 年 10 月发射。主要用于日震、太阳风、行星际磁场以及太阳风圈结构的研究。

06.181 “天鹅” Hakucho
日本于1979年2月发射的X射线天文卫星。

06.182 “天马” Tenma
日本于1983年2月发射的X射线天文卫星。

06.183 “星系” Ginga
日本于1987年2月发射的X射线天文卫星。

06.184 “火鸟” Hinotori
日本于1981年2月发射的太阳探测器。主要进行太阳软、硬γ射线观测。

06.185 “阳光” Yohkoh
日、美、英三国研制的太阳探测器,于1991年8月发射。主要进行太阳软、硬X射线及其爆发现象的观测。

06.186 “麦哲伦” Magellan
美国宇航局研制的金星探测器。1989年5月由航天飞机送入空间,8月进入环金轨道。主要使命是利用成象雷达绘制金星地形地貌图。1993年完成测绘。1994年开始金星引力场探测。

06.187 “伽利略” Galileo
美国宇航局研制的木星探测器。1989年10月由航天飞机送入空间。计划1995年底到达木星附近,成为环木轨道飞行器。

06.188 “克莱芒蒂娜” Clementine
1994年发射的环月轨道探测器。

07. 星系和宇宙

07.001 河外天文学 extragalactic astronomy
研究银河系外的天体和其他物质的天文学分支。

07.002 星系天文学 galaxy astronomy
主要研究星系和星系集团的位置、空间分布、运动、结构、成分、相互作用、起源和演化的学科。

07.003 星系动力学 galactic dynamics
研究星系中大量点质量在引力作用下的运动,以探究星系的结构、相互作用、演化和暗物质组成的学科。

07.004 星系 galaxy
通常由几亿至上万亿颗恒星以及星际物质构成、空间尺度为几千至几十万光年的天体系统。

07.005 星系核 galactic nucleus
星系中心部分物质的高密度聚集区,其尺度约为整个星系的千分之一或更小。

07.006 星系核球 galactic bulge
星系中心恒星密集的椭球状区域,典型尺度为几千光年,主要成分是星族Ⅱ天体。星系核位于其中央。

07.007 星系盘 galactic disk
星系中典型直径为10^4—10^5光年,厚度约10^3光年的盘状结构。为星系晕和星系冕所包围。旋涡星系和棒旋星系的旋臂在其中伸展,椭圆星系无星系盘。

07.008 星系晕 galactic halo
旋涡星系外围结构稀疏的近球状区域,由

晕族天体等物质组成。

07.009 星系冕 galactic corona
环绕在整个星系可见部分外面的由气体和暗物质组成的稀薄球状包层,尺度可达数十万甚至数百万光年,质量可达星系可见部分的10倍左右。

07.010 旋臂 spiral arm
旋涡星系和棒旋星系中的螺线形带状结构,主要由年轻亮星和星际介质构成。

07.011 尘埃带 dust lane
沿旋涡星系侧面所见位于主平面上具有显著消光作用的狭窄暗带,因星系盘中大量的尘埃和气体吸收星光而形成。

07.012 暗带 dark lane
在侧向晚型旋涡星系中常呈现的沿星系盘分布的尘埃暗条。

07.013 星系自转 galactic rotation
星系绕中心轴线的转动。星系各部分的转动角速度随到轴线的距离不同而变化。

07.014 自转曲线 rotation curve
描述星系各部分的自转速度与到自转轴距离的关系曲线。其形状由星系中的质量分布所决定。

07.015 宏观图象 grand design
旋涡星系具有的近似沿螺线伸展的旋臂图象。

07.016 密度波 density wave
使旋涡星系宏观图象保持准稳状态的物质密度和速度的波动。

07.017 图案速度 pattern velocity
旋涡星系的宏观图象绕星系中心整体旋转的角速度。

07.018 缠卷疑难 winding dilemma
密度波理论建立以前星系动力学中的一个疑难问题:星系较差自转应使旋臂呈紧卷态,但观测表明多数星系的旋臂并未紧密缠卷。

07.019 哈勃序列 Hubble sequence
美国天文学家哈勃于20世纪20年代中期提出的星系形态分类序列。哈勃原来的星系形态分类图上该序列的左端是椭圆星系(E),中间经透镜状星系(SO)过渡到右端的旋涡星系(S)和棒旋星系(SB)。今常将不规则星系(Irr) 加到序列的最右端。

07.020 特殊星系 peculiar galaxy
因形态结构或核活动性异常而不属一般哈勃序列的星系,如活动星系、相互作用星系等。

07.021 正常星系 normal galaxy
可纳入哈勃序列的星系。

07.022 旋涡星系 spiral galaxy, S galaxy
具有旋涡状结构的星系,包括正常旋涡星系和棒旋星系。

07.023 正常旋涡星系 normal spiral galaxy
核球区域无棒状结构的旋涡星系。以符号“S”表示。按旋臂开展程度和核球相对于盘的大小分为Sa,Sb和Sc三个次型。Sa旋臂缠绕最紧,核球相对最大;Sc旋臂最舒展,核球相对最小。

07.024 棒旋星系 barred spiral galaxy, SB galaxy
有棒状结构贯穿核球的旋涡星系,以符号“SB”表示,以别于正常旋涡星系(S)。其旋臂始于棒的两端。按旋臂开展程度和核球相对于盘的大小分为SBa,SBb和SBc三个次型。SBa旋臂缠绕最紧,核球相对最大;SBc旋臂最舒展,核球相对最小。

07.025 有棒星系 barred galaxy
有棒状结构贯穿于中心区域的星系。

07.026 盘星系 disk galaxy
有星系盘的星系。包括正常旋涡星系、棒旋星系和透镜状星系。

07.027 环状星系 ring galaxy
具有椭圆形环的星系,其中有些有亮核。

07.028 透镜状星系 lenticular galaxy, S0 galaxy
又称"S0 星系"。无旋臂的盘星系,与旋涡星系的主要差别是无旋臂,与椭圆星系的主要差别是有星系盘。

07.029 纺锤状星系 spindle galaxy
属旋涡星系,其侧视投影图形似纺锤。

07.030 球状星系 spherical galaxy
椭率为零的椭圆星系。

07.031 椭圆星系 elliptical galaxy, E galaxy
椭球状的星系。按视形状自圆而扁依次分为 E0、E1……直至 E7 共八个次型。

07.032 超巨椭圆星系 supergiant elliptical galaxy
又称"cD 星系"。常位于富星系团中、质量特别大的椭圆星系。

07.033 不规则星系 irregular galaxy
外形或结构无明显对称性的星系。以符号"Irr"表示。

07.034 活动星系核 active galactic nucleus, AGN
活动性比一般星系核更强的星系核。其所属星系兼具下述大部或全部特征:有很明亮的核,非热连续谱,明显发射线,较大的光变,较强的高能光子发射能力等。

07.035 低电离星系核 low ionization nuclear emission region, LINER
只有低电离发射线的低光度活动星系核。

07.036 星系核风 nuclear wind
星系的活动核产生的超声速风。

07.037 活动星系 active galaxy
具有活动星系核的星系,或近核区活动剧烈的星系。

07.038 激变星系 violent galaxy
光变剧烈的活动星系。

07.039 互作用星系 interacting galaxy
显示出相互作用迹象的两个或多个星系。

07.040 碰撞星系 colliding galaxy
两个或多个互相碰撞中的星系。

07.041 爆发星系 eruptive galaxy, exploding galaxy, explosive galaxy
有明显的喷流或爆发现象的活动星系。

07.042 喷流星系 jet galaxy
射电形态中有明显喷流的射电星系,或有光学喷流与 X 射线喷流的星系。

07.043 冷流星系 cooling flow galaxy
晕内气体发射 X 射线时迅速冷却,从而形成吸积气体流的星系。

07.044 头尾星系 head-tail galaxy
具有明亮头部和扩展尾部形态特征的射电星系,常处于富星系团中。

07.045 射电星系 radio galaxy
射电光度远大于正常星系的活动星系。其光学对应体多为椭圆星系。

07.046 射电双源 double radio source
星系光学体的两侧有两个射电子源的射电源。

07.047 **红外星系** infrared galaxy
红外辐射强的星系。往往由红外源证认而发现。

07.048 **星暴星系** starburst galaxy
恒星形成率明显超出正常值的星系。

07.049 **发射线星系** emission-line galaxy
一种活动星系，具有发射线，但线宽小于赛弗特星系。

07.050 **赛弗特星系** Seyfert galaxy
星系核极亮，具有强而宽发射线的活动星系，常有旋臂结构。因美国天文学家赛弗特于1943年首先发现而得名。

07.051 **沃尔夫-拉叶星系** Wolf-Rayet galaxy, WR galaxy
又称“WR星系”。一种窄发射线星系，具有沃尔夫-拉叶星的电离氦468.6nm宽发射特征。

07.052 **马卡良星系** Markarian galaxy
具有很强紫外连续辐射的一类星系，多为赛弗特星系或河外HⅡ区。因前苏联天文学家马卡良首先发现而得名。

07.053 **N星系** N-galaxy
具有极亮核和宽发射线的射电星系。

07.054 **超巨星系** supergiant galaxy
光度和质量最大的星系。绝对星等为-23—-24等，质量可达10^{12}—10^{13}太阳质量。

07.055 **巨星系** giant galaxy
光度和质量大的星系。绝对星等可达-20—-22等，质量可达太阳质量的10^{11}倍。

07.056 **矮星系** dwarf galaxy
质量和光度小的星系。绝对星等暗于-16等，质量仅为10^{6}—10^{9}太阳质量。

07.057 **早型星系** early-type galaxy
位于哈勃序列左侧（即椭圆星系侧）的星系。因历史上误认为它们处于星系演化的早期而得名。

07.058 **电离氢星系** HⅡ galaxy
光学光谱与电离氢区很相似的星系。

07.059 **晚型星系** late-type galaxy
位于哈勃序列右侧（即旋涡星系侧）的星系。因历史上误认为它们处于演化晚期而得名。

07.060 **母星系** parent galaxy
位于射电源中的光学星系。或称诞生某一超新星的星系为该超新星的母星系。

07.061 **伴星系** companion galaxy, satellite galaxy
双重星系或多重星系中，相对于占主导地位的星系而言的其他成员星系。

07.062 **寄主星系** host galaxy
类星体寄寓于其中的星系。

07.063 **近邻星系** nearby galaxy
(1)泛指与某一星系距离较近的其他星系。(2)特指与银河系距离较近的星系。

07.064 **场星系** field galaxy
不属于任何星系群或星系团的星系。

07.065 **团星系** cluster galaxy
星系团的成员星系。

07.066 **成员星系** member galaxy
组成各类星系集团的各个星系。

07.067 **前景星系** foreground galaxy
视线方向与被观测河外源相近、但距观测者较近的星系。

07.068 **背景星系** background galaxy
视线方向与被观测河外源相近、但距观测

者较远的星系。

07.069 居间星系 intervening galaxy
位于类星体和观测者之间,与类星体视线方向相近的星系。

07.070 引力透镜 gravitational lens
引力场源对位于其后的天体发出的电磁辐射所产生的会聚或多重成象效应。因作用与透镜类似而得名。

07.071 微引力透镜 gravitational microlens
引力场源质量小于或相当于恒星质量的引力透镜效应。

07.072 星系并合 merge of galaxy
星系间极强相互作用的表现,可导致两个或多个星系解体和合并的过程。

07.073 并合星系 merging galaxy
处于合并过程中的两个或多个星系。

07.074 吞食 cannibalism
大星系并吞小星系的过程。

07.075 双重星系 binary galaxy, double galaxy
两个星系组成的星系集团。

07.076 三重星系 triple galaxy
三个星系组成的星系集团。

07.077 多重星系 multiple galaxy
三、四个到十来个星系组成的星系集团。

07.078 星系群 group of galaxies
十几个至几十个星系组成的星系集团,即规模较小的星系团。

07.079 本星系群 Local Group [of galaxies]
银河系及其周围数十个星系组成的松散的星系群。

07.080 星系团 cluster of galaxies
十几个、几十个、乃至上千个星系组成的星系集团。

07.081 本星系团 Local Cluster of galaxies
银河系所在的星系团。

07.082 致密星系团 compact cluster
成员星系数密度、椭圆星系相对富度、球对称性和中心聚集度均高的星系团。

07.083 超星系团 supercluster
宇宙中尺度远大于星系团的大尺度结构,中间是星系低密度区形成的巨洞,四周是分布在两维面上的星系高密度区。

07.084 本超星系团 Local Supercluster
包括本星系团在内的超星系团。星系最密集的区域是室女星系团。

07.085 总星系 Metagalaxy
部分天文学家对可观测宇宙的别称。

07.086 类星体 quasar, quasi-stellar object, QSO
活动星系核中活动性极强,平均红移最大的一类,因视形态类似恒星得名。

07.087 类星射电源 quasi-stellar radio source, QSS
有强射电辐射的类星体。

07.088 光剧变类星体 optically violently variable quasar, OVV quasar
又称"OVV 类星体"。光学光度变化时标短、幅度大的类星体。

07.089 双类星体 twin quasar
视位置很接近的类星体对。它们或具有物理联系,或系引力透镜形成的双象,或由投影效应所致。

07.090 蝎虎天体 BL Lac object, Lacertid

一种活动星系核，发射线极弱或完全观测不到，光度和偏振变化剧烈而不规则。其原型是蝎虎BL变源。

07.091　耀变体　blazar
蝎虎天体和光剧变类星体的统称。

07.092　耀变活动性　blazarlike activity
具有耀变体特征的活动性。

07.093　莱曼α丛　Ly-α forest
高红移类星体光谱中Ly-α发射线短波侧的密集吸收线区。据信由该类星体和观测者之间不同距离上的居间星系际氢云的Ly-α吸收所致，故名。

07.094　星系际物质　intergalactic matter
散布于星系与星系之间的物质。

07.095　星系际云　intergalactic cloud
相对稳定地聚集的星系际弥漫物质系统，主要由中性和电离气体氢构成。

07.096　星系际桥　intergalactic bridge
连接两个近邻星系、外形细长的星系际物质集聚区。

07.097　星系际气体　intergalactic gas
星系际物质中的气体成分。

07.098　星系际尘埃　intergalactic dust
星系际物质中的固态微粒。

07.099　星系团内气体　intracluster gas
星系团内散布于成员星系之间的气体。

07.100　宇宙背景辐射　cosmic background radiation
来自无明显分立源天区的各向同性电磁辐射。在不同波段，辐射有不同的起源，并可具有非宇宙学起源。

07.101　[宇宙]微波背景辐射　cosmic microwave background radiation
又称“3K辐射”。微波波段的宇宙背景辐射，具有温度近似3K的黑体辐射谱特征。

07.102　X射线背景辐射　X-ray background radiation
X射线波段的宇宙背景辐射，具有宇宙学起源，主要来自河外分立X射线源。

07.103　弥漫X射线背景　diffuse X-ray background
X射线波段的宇宙背景辐射，可能主要由活动星系核等河外X射线源产生。

07.104　弥漫X射线辐射　diffuse X-ray emission
X射线展源的辐射，可来自银河系内的超新星遗迹、星系团、星系群等。

07.105　暗物质　dark matter
由天文观测推断存在于宇宙中的不发光物质。由不发光天体、晕物质、以及非重子中性粒子组成。

07.106　不可见物质　invisible matter
(1) 部分天体物理学家对暗物质的别称。
(2) 仅参与引力作用和弱作用的非重子中性粒子组成的物质。

07.107　隐质量　hidden mass
由动力学质量与光度质量差推断存在于星系、星系团和宇宙中的暗物质的质量。

07.108　原星系　protogalaxy
宇宙演化到复合期后形成的气体云团块，它们在引力作用下坍缩，进而演化为星系。

07.109　前星系云　pre-galactic cloud
行将收缩形成星系的气体云。

07.110　前星系　pregalaxy
星系形成过程中，已存在气体、尘埃和恒星，但尚未最终形成星系的阶段。

07.111 星系形成 galaxy formation

宇宙均匀背景上的密度涨落，在引力作用下吸积周围物质而使密度对比增长，最后形成星系的过程。

07.112 星系演化 galaxy evolution

在宇宙时标上，星系的密度、光度和其他特征量变化的过程。

07.113 光度演化 luminosity evolution

在宇宙时标上，河外天体光度变化的过程。

07.114 密度演化 density evolution

在宇宙时标上，河外天体空间数密度随时间变化的过程。

07.115 热演化 thermal evolution

宇宙温度、组成与物态随宇宙年龄的变化。

07.116 热史 thermal history

宇宙中物质组成与物态等的热力学量的演化史。

07.117 星系际吸收 intergalactic absorption

星系际物质对通过它的电磁辐射的吸收。可导致辐射的强度减弱和谱形改变。

07.118 K改正 K-correction

比较红移不同的河外天体在相同波段的连续谱性质所需进行的光度改正。

07.119 红移 redshift

(1)天体谱线的观测波长向长波方向频移的现象。(2)该现象引起的谱线波长的相对改变量。

07.120 多重红移 multiple redshift

高红移类星体光谱中不同吸收线系统的红移不尽相同的现象。

07.121 退行速度 velocity of recession

天体远离观测者而去的视向速度。

07.122 哈勃关系 Hubble relation

河外天体的距离与退行速度间的正比关系。它直接表明宇宙在膨胀。因美国天文学家哈勃于1929年发现而得名。

07.123 哈勃常数 Hubble constant

哈勃关系中的比例常数。常用 H_0 表示。目前测得的哈勃常数值在50—100km/(s·Mpc)之间。

07.124 哈勃图 Hubble diagram

通常以河外天体的距离或视星等为横坐标，退行速度或红移为纵坐标，反映哈勃关系的图。

07.125 星系计数 galaxy count

按一定的物理参数，如星等、距离、天区范围等统计星系的数目。

07.126 两点相关函数 two-point correlation function

表征天体成团性的一种统计函数，定义为相对于随机分布而言的两体相距 r 的过剩概率。

07.127 演化效应 effect of evolution

天体的各种物理参数，如光度、温度、化学组成、空间密度等随年龄发生变化的效应。

07.128 射电源计数 radio source count

按射电源的流量或按天区范围统计射电源的数目。

07.129 视超光速运动 apparent superluminal motion

由某些河外射电源的红移及其子源间角距的时间变率导出的子源间表观分离速度超过光速的现象。

07.130 宇宙学红移 cosmological redshift

宇宙膨胀引起的河外天体谱线红移。

07.131 内禀红移 intrinsic redshift

由河外天体内在原因引起的谱线红移。

07.132 减速因子 deceleration parameter
表征宇宙膨胀速率减小的物理参数，用以说明宇宙开闭性质。常用 q_0 表示。

07.133 宇宙平均密度 cosmic mean density
宇宙作为整体的平均密度。

07.134 临界密度 critical density
宇宙处于开闭临界状态时所对应的宇宙平均密度。

07.135 宇宙年龄 cosmic age
宇宙从大爆炸起始至今的年龄。

07.136 哈勃时间 Hubble time
一种宇宙学时标，是哈勃常数的倒数。

07.137 哈勃距离 Hubble distance
光线在哈勃时间内行经的距离。

07.138 宇宙视界 universal horizon
因光速有限且大爆炸有时间起点，故观测可及宇宙有一界限，相应边界称为宇宙视界。

07.139 哈勃半径 Hubble radius
根据大爆炸宇宙模型，宇宙膨胀到目前阶段的尺度。其值大约为 6 000Mpc。

07.140 宇宙[学]常数 cosmological constant
爱因斯坦在其场方程中引入的表征某种“宇宙斥力”的常数。

07.141 氦丰度 He abundance
宇宙中氦同位素^{4}He 的相对含量。

07.142 锂丰度 Li abundance
宇宙中锂同位素^{7}Li 的相对含量。

07.143 氘丰度 D abundance
宇宙中氘的相对含量。

07.144 轻元素丰度 light element abundance
宇宙中轻元素（如锂、氘、氦等）的相对含量，是检验宇宙模型正确性的重要参数。

07.145 北银[极]冠 North Galactic Cap
天球上以北银极为中心的球冠形区域。

07.146 南银[极]冠 South Galactic Cap
天球上以南银极为中心的球冠形区域。

07.147 宇宙大尺度结构 large scale structure of the universe
天体在比星系团更大尺度上的分布和运动特征。

07.148 巨引力源 great attractor
长蛇－半人马座方向上的一个质量高度密集区，距银河系约 43Mpc，总质量约为 5×10^{15}太阳质量。

07.149 巨壁 Great Wall
星系密集分布的一个巨大片状结构，与银河系相距约 100Mpc，延伸尺度超过 170Mpc，厚度约 5Mpc。

07.150 巨洞 void
超星系团内部或超星系团之间的星系低密度区。

07.151 引力不稳定性 gravitational instability
引力作用下密度涨落发生非线性增长的特性。

07.152 密度扰动 density perturbation
在引力作用和宇宙膨胀影响下，均匀背景上密度涨落之衰减、增长或保持稳定的过程。

07.153 金斯波长 Jeans wavelength

流体中扰动可非线性增长的最小波长。

07.154 金斯质量 Jeans mass

对应于可由引力不稳定性引起增长扰动的最小质量。

07.155 宇宙 universe, cosmos

07.156 宇宙学 cosmology

从整体上研究宇宙的结构和演化,以及研究河外天体在宇宙年龄时标上演化的天文学分支。

07.157 观测宇宙学 observational cosmology

研究宇宙学观测基础及其推论的宇宙学分支。

07.158 运动学宇宙学 kinematic cosmology

考虑宇宙学原理并利用实测参数,用近似方法确定宇宙性质的宇宙学分支。

07.159 动力学宇宙学 dynamical cosmology

考虑宇宙学原理和假设的宇宙物态,严格求解引力场方程确定宇宙性质的宇宙学分支。

07.160 宇宙学原理 cosmological principle

宇宙在大尺度上保持均匀各向同性的假设。

07.161 完全宇宙学原理 perfect cosmological principle

宇宙在大尺度上具有均匀各向同性并且不随时间变化的假设。为宇宙学原理的一种推广。

07.162 奥伯斯佯谬 Olbers paradox

若恒星均匀分布在静止无限的欧几里得空间中,则夜空的面亮度应与恒星表面亮度相等,而事实上夜空是黑暗的。这一矛盾因由德国天文学家奥伯斯明确提出而得名。

07.163 西利格佯谬 Seeliger paradox

若恒星均匀分布在无限宇宙中,则宇宙间任一质点受到的引力应为无限大或为不定值,这与事实相违。因由德国天文学家西利格提出而得名。

07.164 牛顿宇宙论 Newtonian cosmology

以牛顿力学和牛顿引力理论为基本框架的宇宙学理论。

07.165 大爆炸宇宙论 big bang cosmology

一种观测证据最多,最获公认的现代宇宙理论,认为宇宙从极致密状态膨胀到目前的状态。

07.166 相对论宇宙论 relativistic cosmology

以相对论为基础建立的宇宙学理论。最常见的是从爱因斯坦广义相对论场方程出发建立的理论。

07.167 等级式宇宙论 hierarchic cosmology

一种宇宙学理论,认为宇宙的结构由小到大,从恒星、星系、星系团到超星系团逐级地扩大。

07.168 各向异性宇宙论 anisotropic cosmology

基于宇宙是各向异性的原理而发展的宇宙学理论。

07.169 稳恒态宇宙论 steady-state cosmology

基于宇宙学原理而发展起来的宇宙学理论,认为宇宙膨胀时,因有物质不断创生而保持稳恒状态。

07.170 物质-反物质宇宙论 matter-antimatter cosmology

认为宇宙中存在着等量的物质和反物质的宇宙学理论。

07.171 量子宇宙论 quantum cosmology
考虑到量子效应的宇宙学理论，主要用于普朗克时期。

07.172 标准宇宙模型 standard cosmological model
一定时期内最获公认的宇宙模型，当前指大爆炸宇宙论加上宇宙极早期存在暴胀阶段假设和暗物质假设之总称，在物质占优期采用弗里德曼宇宙学解。

07.173 弗里德曼宇宙模型 Friedmann cosmological model
基于广义相对论的一种动力学宇宙模型，认为现今物态可用无压强尘埃表示而获得严格宇宙解，包括无限膨胀解与振荡解两种类型。

07.174 勒梅特宇宙模型 Lemaitre cosmological model
弗里德曼宇宙模型之推广，认为宇宙常数 Λ 不为零。

07.175 爱因斯坦-德西特宇宙模型 Einstein-de Sitter cosmological model
弗里德曼宇宙模型中开宇宙与闭宇宙的临界解，其特征为空间平坦。

07.176 暴胀宇宙模型 inflationary cosmological model
标准大爆炸宇宙模型中对宇宙极早期演化的一种修正，认为在大爆炸后 10^{-35}s 时宇宙半径按指数律急剧膨胀。

07.177 薄饼模型 pancake model
星系形成的一种模型。认为宇宙早期物质先形成质量远大于星系的薄饼状密集区，然后碎裂成星系。

07.178 膨胀宇宙 expanding universe
宇宙半径随时间增大的宇宙。

07.179 收缩宇宙 contracting universe
宇宙半径随时间减小的宇宙。

07.180 振荡宇宙 oscillating universe
膨胀与收缩相交替的宇宙。

07.181 开宇宙 open universe
永远膨胀的宇宙。

07.182 闭宇宙 closed universe
非永远膨胀的宇宙。

07.183 罗伯逊-沃克度规 Robertson-Walker metric
满足宇宙学原理的四维时空度规。

07.184 早期宇宙 early universe
通常指大爆炸宇宙论中复合期以前的宇宙。

07.185 极早期宇宙 very early universe
大爆炸宇宙论中原子核形成以前的宇宙。

07.186 宇宙奇点 singularity of the universe
大多数非量子的相对论宇宙模型不可避免存在的空间曲率为无限的状态。

07.187 宇宙弦 cosmic string
宇宙早期相变导致真空对称破缺而造成的一维时空拓扑缺陷，它可成为宇宙结构形成的种源。

07.188 普朗克时间 Planck time
大爆炸宇宙论中宇宙年龄为 10^{-44}—10^{-43}s 的某一特征时间，在此之前爱因斯坦的广义相对论失效，必须考虑引力场的量子效应。

07.189 普朗克长度 Planck length
普朗克时间乘以光速，其值约为 10^{-33}cm。

07.190　强子期　hadron era
大爆炸宇宙论中宇宙的一个演化阶段，即宇宙的平衡温度足以导致光生强子对的时期，可细分为介子期、重子期、超子期等。

07.191　轻子期　lepton era
大爆炸宇宙论中宇宙的一个演化阶段，宇宙的平衡温度足以导致光生轻子对的时期，可细分为电子期、μ 子期、τ 子期等。

07.192　退耦期　decoupling epoch
又称"复合期"。大爆炸宇宙论中宇宙的一个演化阶段，即宇宙温度随宇宙膨胀下降到 3 000K，电子与离子复合成中性原子，不再与辐射发生相互作用的时期。

07.193　物质占优期　matter dominated era
包括现今在内的宇宙演化阶段，其中物质能量密度大于辐射能量密度。

07.194　辐射占优期　radiation dominated era
宇宙演化早期辐射能量密度大于物质能量密度的阶段。

07.195　大数假说　large number hypothesis
狄拉克提出的一个假设。认为存在一些由基本物理量构成的较为确定的无量纲大数，如电子－质子间静电势力与引力势之比约为 10^{39}，以原子尺度为单位的宇宙半径约为 10^{39}，并认为由此可发掘反映宇宙内在联系的规律。

07.196　梅西叶星云星团表　Messier Catalogue
法国天文学家梅西叶编制的星云和星团表。于 18 世纪后期分四次刊布。

07.197　星云星团新总表　New General Catalogue of Nebulae and Clusters of Stars, NGC
爱尔兰籍丹麦天文学家德雷耶尔于 1888 年刊布的星云和星团表。共含 7 840 个天体。

07.198　星云星团新总表续编　Index Catalogue, IC
星云星团新总表的两个续编，分别刊布于 1895 年和 1908 年。

07.199　亮星系表　Reference Catalogue of Bright Galaxies
法国天文学家德·伏古勒尔夫妇编制的星系表，1964 年初版，含 2 599 个亮星系。1991 年第三版，含 23 024 个星系。

07.200　星系和星系团表　Catalogue of Galaxies and Clusters of Galaxies, CGCG
瑞士天文学家兹威基主编，列有星系团和亮于 14.5 等的星系的表，于 1961—1968 年分六卷刊出。

08. 恒星和银河系

08.001　恒星天文学　stellar astronomy
天文学的分支，主要内容是利用统计方法研究恒星、星际物质和恒星集团的空间分布、运动和动力学特征。

08.002　统计天文学　statistical astronomy
通过大量恒星数据的统计分析而研究恒星的空间分布和空间运动的天文学分支。其研究内容较恒星天文学窄，现常以恒星天文学取代。

08.003　恒星物理学　stellar physics
研究恒星的物理性质、恒星与其环境及其他恒星的相互作用等的天体物理学分支。

08.004　恒星动力学　stellar dynamics
研究恒星集团在引力作用下的空间分布、运动状态和系统的动力学演化的学科。

08.005　银河系天文学　Galactic astronomy
天体物理学的分支学科，主要内容是研究银河系总体结构和大尺度运动状态，以及组成银河系的各类天体、天体集团和星际物质的空间分布、运动特性、动力学和物理性质。

08.006　恒星　star
质量大多介于 1×10^{-2}—2×10^{2} 太阳质量之间，靠自身的能源发出电磁辐射的天体。

08.007　主序星　main sequence star
位于主序上的恒星。

08.008　主序前星　pre-main sequence star
处于尚未到达主序的演化阶段的恒星。

08.009　主序后星　post-main sequence star
处于已脱离主序的演化阶段的恒星。

08.010　O 型星　O star
光谱型为 O 的恒星。光谱主要特征为电离氦吸收线。

08.011　B 型星　B star
光谱型为 B 的恒星。光谱主要特征为中性氦吸收线和氢吸收线。

08.012　OB 型星　OB star
O 型星和 B 型星的总称。

08.013　A 型星　A star
光谱型为 A 的恒星。光谱主要特征为氢吸收线。

08.014　F 型星　F star
光谱型为 F 的恒星。光谱中氢的巴尔末线比 A 型星显著减弱，电离钙的 H 和 K 线比 A 型星显著增强，金属元素谱线较多。

08.015　G 型星　G star
光谱型为 G 的恒星。光谱特征为电离钙的 H 和 K 线特强，金属元素谱线丰富，并且出现 CH 和 CN 分子带。

08.016　K 型星　K star
光谱型为 K 的恒星。光谱中电离和中性钙线强，中性金属线十分突出，分子带比 G 型星更显著。

08.017　M 型星　M star
光谱型为 M 的恒星。光谱中分子带突出，尤其 TiO，有中性金属线。

08.018　R 型星　R star
光谱型为 R 的恒星。光谱特征类似 G 与 K 型星，但 C_2、CN、CH 分子带突出。

08.019　N 型星　N star
光谱型为 N 的恒星。光谱特征类似 M 型星，但突出的分子带属 C_2、CN、CH。

08.020　S 型星　S star
光谱型为 S 的恒星。光谱特征类似 M 型巨星，但突出的分子带属 Zr、Y、Ba 等的氧化物。

08.021　早型星　early-type star
光谱型较早的恒星，通常指光谱型为 O、B、A 的恒星。

08.022　晚型星　late-type star
光谱型较晚的恒星，一般指 K 型和更晚光谱型的恒星。

08.023　超巨星　supergiant
光谱分类中具有最高光度级的恒星，其光度级用罗马数字 Ⅰ 表示。

08.024　特级超巨星　hypergiant
超巨星的光度级可细分为由强到弱的 Ⅰa、

Ⅰab 和 Ⅰb，在光度级为 Ⅰa 的超巨星中再辟出一部分光度特强的，记为"Ⅰa⁺"，称为特级超巨星。

08.025　亮巨星　bright giant，luminous giant

光谱分类中具有次高光度级的恒星，其光度级用罗马数字Ⅱ表示。

08.026　巨星　giant star

光谱分类中光度级按照由强到弱顺序分在第三级的恒星，用罗马数字Ⅲ表示。

08.027　红巨星　red giant

光谱为 K 型或更晚型的巨星。

08.028　亚巨星　subgiant

光谱分类中光度级按照由强到弱顺序分在第四级的恒星，用罗马数字Ⅳ表示。

08.029　高光度[恒]星　high-luminosity star

光度级高于Ⅳ或Ⅲ的恒星。

08.030　亚矮星　subdwarf

光谱分类中光度级按照由强到弱顺序分在第六级的恒星，用罗马数字Ⅵ表示。

08.031　矮星　dwarf star

光谱分类中光度级按照由强到弱顺序分在第五级的恒星，用罗马数字Ⅴ表示。

08.032　红矮星　red dwarf

光谱为 K 型或更晚型的矮星。

08.033　棕矮星　brown dwarf

理论上提出质量小于大约 0.08 倍太阳质量的临界值，因而不能保持稳定的氢聚变的恒星。

08.034　大质量星　massive star

质量超过 10—20 倍太阳质量的恒星，质量下限的选取因研究课题而异，因人而异。

08.035　太阳型星　solar-type star

光谱分类和太阳相同或接近的恒星。

08.036　贫氢星　hydrogen-deficient star

大气氢丰度小于太阳大气相应值的恒星。

08.037　富氦星　helium-rich star

大气氦丰度大于太阳大气相应值的恒星。

08.038　强氦星　helium-strong star

氦线特强，氢线较弱或不出现，光谱型主要为 O 型至早 B 型的恒星。

08.039　弱氦星　helium-weak star

氦线特弱，光谱型主要为晚 B 型至早 A 型的恒星。

08.040　金属线星　metallic-line star

又称"Am 星(Am star)"。光谱型为 A0—F0 的特殊主序星，与正常 A 型星相比，它们有较强的金属谱线，它们的自转较慢，且几乎都是短周期的分光双星。

08.041　贫金属星　metal-poor star，metal-deficient star

大气中铁相对于氢的丰度小于太阳大气中相应值的恒星。

08.042　碳星　carbon star

一类特殊的红巨星，具有过高的碳和锂元素丰度。

08.043　钡星　barium star

光谱中 S 过程元素(特别是电离钡和电离锶)的谱线和 CN、CH、C_2 分子带过强的 G、K 和 M 型主序后星，很多是巨星。

08.044　CH 星　CH star

光谱中 CH 分子的 G 带(430.3nm)特强，422.6nm 中性钙线与 CN 分子带偏弱的 G3—K4 型星族Ⅱ巨星。

08.045　发射线星　emission-line star

光谱中出现发射线的恒星。

08.046 恒星包层 stellar envelope

又称"厚大气(extended atmosphere)"。少数恒星在其特殊条件下形成的较厚大气，厚度接近或超过恒星半径，光谱中出现发射线。

08.047 延伸包层 extended envelope

比较厚的恒星包层，在此条件下光谱中不仅出现发射线，并叠加了包层的锐吸收线。

08.048 气壳星 shell star

在B型(有时为A—F型)光谱背景上叠加着具有发射线翼的锐而深的吸收线的恒星。

08.049 沃尔夫-拉叶星 Wolf-Rayet star, WR star

光谱中出现特强且宽的电离氦、碳、氧或电离氮、氮等发射线并且氢线不见或特弱的超高温恒星。

08.050 氮序 nitrogen sequence

光谱中有很强的氦和氮谱线的沃尔夫-拉叶星序列。

08.051 碳序 carbon sequence

光谱中有很强的氦、碳和氧谱线的沃尔夫-拉叶星序列。

08.052 Of星 Of star

O型星吸收光谱上叠加NⅢ和HeⅡ发射线的恒星。

08.053 天鹅P型星 P Cyg star

光谱中出现伴有紫移吸收成分的强发射线早型特高光度变星，以天鹅P星为代表。

08.054 Be星 Be star

光谱中出现(或曾出现)氢的巴耳末发射线，光度级为Ⅱ—Ⅴ，主要为B型的恒星。

08.055 Ap星 Ap star

光谱型B5—F5的特殊主序星，具有异常强的和可变的锰、硅、铕、铬、锶谱线和较强且变化的磁场。与金属线星类似，自转速度较小，但多半是单星。

08.056 快速振荡Ap星 rapidly oscillating Ap star

Ap星中较特殊的一类。具有低球谐度(l<4)高径向阶(n≫l)非径向p模式脉动。脉动周期范围在4—20分内。

08.057 磁星 magnetic star

发现有较强磁场的光谱型B—F的恒星，磁场强度通常达数千高斯。大部分是Ap星。

08.058 蓝离散星 blue straggler

出现在恒星系统赫罗图上的主序延伸线附近，且比主序折向点恒星显然更亮的一类恒星。

08.059 不稳定星 non-stable star

有大量物质抛射，光度与光谱有激烈变化的恒星。

08.060 变星 variable star

测知亮度有变化的恒星。

08.061 几何变星 geometric variable

因几何原因引起光变的变星，包括食变星，自转变星和椭球变星。

08.062 内因变星 intrinsic variable

又称"物理变星(physical variable)"。由于内在的物理原因引起光变的变星。

08.063 光谱变星 spectrum variable

在可见光波段，亮度变化微小而光谱有明显的周期性变化的变星。

08.064 视向速度变星 velocity variable

视向速度有变化的恒星。

08.065 自转变星 rotating variable
由于星面上分布着和自转轴不对称的持久的特征物(如:黑子,化学元素的不均匀分布),随着恒星的自转,呈现亮度或光谱变化的变星。

08.066 椭球变星 ellipsoidal variable
具有椭球双星特征的变星。

08.067 星云变星 nebular variable
出现在弥漫星云之中或其近旁,并同星云有物理联系的变星。

08.068 周期变星 periodic variable
亮度变化具有周期性的变星。

08.069 脉动变星 pulsating variable
星体的外层在周期性地膨胀和收缩的变星。

08.070 造父变星 cepheid variable
(1) 狭义指经典造父变星。(2) 广义指经典造父变星和室女 W 变星的统称。

08.071 经典造父变星 classical cepheid
又称"长周期造父变星(long period cepheid)"。以仙王 δ(中名造父一)为典型星的脉动变星,光变周期大多在 1—50 天范围内,光变幅一般为 1 目视星等左右,存在周光关系,属于星族Ⅰ。

08.072 驼峰造父变星 hump cepheid
光变曲线上有驼峰即次极大的造父变星。

08.073 室女 W 型变星 W Vir variable
又称"星族Ⅱ造父变星(population Ⅱ cepheid)"。以室女 W 为典型星的脉动变星,光变周期与经典造父变星类似,但周光关系不同,对于相同的光变周期,室女 W 型变星比经典造父变星暗 0.7—2 目视星等,属于星族Ⅱ。

08.074 武仙 BL 型星 BL Her star
一类星族Ⅱ造父变星,光变周期 1—3 天,处于水平支后的演化阶段。

08.075 长周期变星 long period variable
周期约 80—1 000 天的晚型脉动变星。

08.076 刍藁变星 Mira Ceti variable
在可见光波段,光变幅超过 2.5 个星等的长周期变星,因典型星鲸鱼 o(中文名刍藁增二)而得名。

08.077 仙王 β 型星 β Cep star
又称"大犬 β 型星(β CMa star)"。光谱型介于 O8 和 B6 之间的脉动变星,光变周期 0.1—0.6 天,光变幅 0.01—0.3 目视星等,光变曲线接近正弦形。

08.078 天琴 RR 型星 RR Lyr star
脉动变星的一类,系 A—F 型巨星,光变周期 0.2—1.2 天,光变幅 0.2—2 目视星等,属于星族Ⅱ,在赫罗图上位于水平支中部的一个固定的区域内,这类星中有很多出现在球状星团里。

08.079 盾牌 δ 型星 δ Sct star
曾称"矮造父变星(dwarf cepheid)","船帆 AI 型星(AI Vel star)"。光谱型 A—F、光变幅 0.003—0.9 目视星等、光变周期短于 0.3 天的脉动变星。

08.080 仙后 γ 型星 γ Cas star
光谱型为 Be Ⅲ—Ⅴ 的不规则变星。通常为高速自转星,光变与赤道带气壳抛射过程有关。

08.081 剑鱼 S 型星 S Dor star
光谱型为 B—F 的特殊变星,光谱中出现特强发射线,光变不规则,光度极高。剑鱼 S 星是此类变星中最亮的代表。也可划归天鹅 P 型星类中。

08.082 半规则变星 semi-regular variable
具有中间型和晚型光谱的巨星或超巨星,

光变有一定的周期性,周期从几十天至几年,但常受不规则的因素干扰,可见光波段的光变幅通常为 1—2 个星等,属脉动变星。

08.083 金牛 RV 型星 RV Tau star
一类半规则变星。光变周期约 30—150 天,亮度极大时光谱为 F—G 型,极小时为 K—M 型。光变曲线呈双波状,主极小和次极小常相互转换,光谱中常出现氢的发射线和氧化钛的吸收带。

08.084 不规则变星 irregular variable
亮度变化没有周期性或周期性极不明显的变星,其中许多属晚型脉动变星。

08.085 爆发变星 eruptive variable
(1) 广义指亮度变化起因于星周气壳、或星面附近、或恒星内部发生的爆发活动的变星。(2) 狭义指亮度变化起因于色球和星冕中发生的激烈活动的变星。

08.086 超新星 supernova
爆发规模最大的变星。爆发时释放的能量一般达 10^{41}—10^{44} J,并且全部或大部分物质被炸散。

08.087 银河超新星 Galactic supernova
银河系内出现的超新星。

08.088 Ⅰ型超新星 type Ⅰ supernova
超新星的一个次型。亮度极大时典型的绝对目视星等为 -19,光谱中缺乏氢线,属于星族Ⅱ。

08.089 Ⅱ型超新星 type Ⅱ supernova
超新星的一个次型。亮度极大时典型的绝对目视星等为 -17,光谱中有氢线,属于星族Ⅰ。

08.090 爆前超新星 pre-supernova
超新星的前身星。

08.091 实心超新星遗迹 plerion
以蟹状星云为典型的,含有脉冲星的超新星遗迹。

08.092 新星 nova
又称“经典新星(classical nova)”。一类激变变星,亮度在几天或几星期内上升至极大,然后缓慢下降,经几月或几年回复到原先的状态,光变幅大都在 7—16 目视星等之间。

08.093 银河新星 Galactic nova
银河系内出现的新星。

08.094 爆前新星 prenova
新星的前身星。

08.095 爆后新星 ex-nova, postnova
又称“老新星(old nova)”。经历爆发之后,亮度已基本上恢复到爆发前亮度时的新星。

08.096 快新星 fast nova
亮度从极大下降 3 个星等历时不足 100 天的新星。

08.097 慢新星 slow nova
亮度从极大下降 3 个星等历时超过 100 天的新星。

08.098 射电新星 radio nova
爆发能量集中在射电波段的新星。

08.099 X 射线新星 X-ray nova
爆发能量集中在 X 射线波段的新星。

08.100 再发新星 recurrent nova
已观测到不止一次类似新星爆发的激变变星,其典型的光变幅约 6—8 目视星等,典型的爆发间隔约 10—100 年。

08.101 矮新星 dwarf nova
一类激变变星,每隔几天至几千天经历一

次爆发,爆发时亮度在一二天内上升 2—8 目视星等,然后较慢地下降到爆发前的状态。

08.102 双子 U 型星 U Gem star
矮新星的一种主要类型,从亮度极大时起,经历几天或几星期回复到亮度极小的状态。

08.103 鹿豹 Z 型星 Z Cam star
一类矮新星,亮度从极大下降至极小的过程中,有时会在某一中间亮度处停滞几星期至几年。

08.104 大熊 SU 型星 SU UMa star
一类矮新星,主要特征表现为亮度极大持续时间为 10—14 天,比双子 U 型星约长 5 倍。

08.105 高偏振星 polar
又称"武仙 AM 型双星(AM Her binary)"、"武仙 AM 型星(AM Her star)"。在可见区或附近光谱区具有强线偏振和强圆偏振辐射的激变双星。其一子星是以双星轨道周期同步自转的强磁场白矮星,另一是红矮星。

08.106 中介偏振星 intermediate polar
又称"武仙 DQ 型星(DQ Her star)"。一类激变变星,主星是有较强磁场的白矮星,自转周期短于双星的轨道周期以及大都没有测出偏振是其与高偏振星的主要区别。

08.107 类新星变星 nova-like variable
光变和光谱特征类似于新星的一类变星,其中大多为爆后新星,也可能有未经证认的共生星。

08.108 六分仪 SW 型星 SW Sex star
一类有交食的类新星变星,周期 3—4 小时,发射线的视向速度呈周期变化,吸收线仅当与食相反的轨道位相附近才出现。

08.109 共生星 symbiotic star
包含气体星云,并由一颗高温白矮星或亚矮星或主序星吸积红巨星子星所丢失物质的长周期不接或半接双星,以同时呈现高温和低温光谱为其主要观测特征。

08.110 共生新星 symbiotic nova
某些共生星光度经历类似新星的变化,同时某些再发新星、慢新星的光谱也具有共生星特征,这类星统称为共生新星。

08.111 金牛 T 型星 T Tau star
光谱中有许多发射线的 F—M 型变星,光变不规则,常与星云在一起,处于主序前的引力收缩演化阶段。

08.112 耀星 flare star
在几秒至几分钟内突然增亮,亮度上升率一般为 0.05—0.1 星等/秒或更大的变星。

08.113 鲸鱼 UV 型星 UV Cet star
太阳邻近的一类耀星,耀发时,亮度在几秒至几十秒内增加十分之几至几个目视星等,然后在几分至几十分钟内回复到正常亮度,光谱中有许多发射线,属 M 型或 K 型主序星。

08.114 食变星 eclipsing variable
具有食双星特征的变星。

08.115 大陵型变星 Algol-type variable
又称"大陵型食变星(Algol-type eclipsing variable)"。(1) 在变星范畴内大陵型双星的同义词。(2) 光变曲线上主极小很深,次极小很浅甚至不出现,食外光度变化很小,以大陵五为原型的食变星。

08.116 天琴 β 型变星 β Lyr-type variable
一种食变星。通常具有 B—A 型光谱,轨道周期多数大于 1 天,光变幅多数小于 2 个目视星等,食外亮度连续变化,光变曲线有次极小,其深度通常显著小于主极小深度。

08.117 类太阳恒星 sun-like star

观测表明具有类似太阳活动现象的恒星。

08.118 恒星活动 stellar activity

恒星上具有与太阳活动类似的现象。

08.119 星斑 starspot

恒星表面的暗区或亮区，分别类似于太阳黑子和谱斑。

08.120 星风 stellar wind

类似太阳风，从恒星向外不断抛出的物质流。

08.121 天龙 BY 型星 BY Dra star

光谱型为 K 和 M 的带发射线的矮星，有准周期光变，光变幅小于 0.5 目视星等，周期通常从短于 1 天至几天，光变曲线的形状在变化，表面有黑子活动。

08.122 强光蓝变星 luminous blue variable, LBV

光度特大的不稳定热超巨星，绝对热星等一般亮于 −9 等，亮度变化不规则，光谱中有许多伴有紫移吸收成分的氢、氦和铁的发射线，有气壳抛射，典型的质量损失率为 10^{-4}—10^{-6}太阳质量/年。

08.123 武仙 UU 型星 UU Her star

呈长周期小幅光变的 F 型超巨星，具有星族Ⅰ恒星的元素丰度，但却远离银道面并具有典型的星族Ⅱ恒星的视向速度。

08.124 牧夫 λ 型星 λ Boo star

贫金属的星族ⅠA 型星，在赫罗图上位于零龄主序上，大都有星周尘埃。

08.125 北冕 R 型星 R CrB star

亮度通常处于极大，但有时突然变暗 1—9 目视星等的变星。

08.126 HZ 星 HZ star

美国天文学家哈马逊(Humason)和兹威基(Zwicky)编成表的蓝水平支恒星。

08.127 独特变星 unique variable

不能列入目前变星分类中任何一种类型的待分类的变星。

08.128 宁静态 quiescence

有时表现剧烈或显著变化的天体，在不发生这种变化时所处的状态。例如矮新星不在爆发期间所处的状态。

08.129 致密星 compact star

恒星的核能耗尽，经引力塌缩后，内部的物态以量子力学效应起主导作用，平均密度达 10^9kg/m^3 以上的恒星。

08.130 致密天体 compact object

致密星、黑洞以及类星体、赛弗特星系、蝎虎天体等活动星系核的统称。

08.131 简并星 degenerate star

以简并态物质为主的恒星，白矮星与中子星的总称。

08.132 白矮星 white dwarf

由简并电子的压力抗衡引力而维持平衡状态的致密星。因早期发现的大多呈白色而得名。

08.133 黑矮星 black dwarf

白矮星或棕矮星长期演化的结局天体。

08.134 室女 GW 型星 GW Vir star

一类有效温度超过 80 000K、有非径向脉动的富氦白矮星。

08.135 鲸鱼 ZZ 型星 ZZ Cet star

非径向脉动白矮星。光变周期约 0.5—25 分，光变幅 0.001—0.2 目视星等。

08.136 中子星 neutron star

依靠简并中子的压力与引力相平衡的致密星。

08.137 脉冲星 pulsar
有 10^7—10^9T 强磁场的快速自转中子星。发射规则的毫秒至百秒级的短周期脉冲辐射是其基本特征。

08.138 射电脉冲星 radio pulsar
在射电波段发射毫秒至秒级的短周期脉冲辐射的脉冲星。

08.139 光学脉冲星 optical pulsar
在光学波段发射短周期脉冲辐射的脉冲星。

08.140 X 射线脉冲星 X-ray pulsar
在 X 射线波段发射短周期脉冲辐射的脉冲星。一般说这种脉冲星与光学恒星组成一种特殊的密近双星系统,脉冲周期为秒至百秒级。

08.141 γ 射线脉冲星 γ-ray pulsar
在 γ 射线波段发射短周期脉冲辐射的脉冲星。

08.142 毫秒脉冲星 millisecond pulsar
脉冲周期仅为毫秒量级的脉冲星。

08.143 双星 (1)double star, (2)binary star
(1) 广义指物理双星和视双星的总称。(2) 狭义指物理双星。

08.144 视双星 optical double
视位置很靠近但没有物理联系的两颗恒星。

08.145 物理双星 physical double
互绕公共质量中心作周期性轨道运动的两个恒星级天体系统。

08.146 目视双星 visual binary
由目视观测判知的双星。

08.147 测光双星 photometric binary
由亮度变化判知的物理双星。

08.148 天测双星 astrometric binary
通过天体测量方法发现其自行行迹为曲线,并可用存在某伴星来解释其行迹而发现的物理双星。

08.149 干涉双星 interferometric binary
能用干涉测量法判知的物理双星。

08.150 分光双星 spectroscopic binary
由视向速度的变化判知的物理双星。

08.151 单谱分光双星 single-line spectroscopic binary, single-spectrum binary
只测得一子星视向速度曲线的分光双星。

08.152 双谱分光双星 double-line spectroscopic binary, two-spectrum binary
两子星视向速度曲线都测得的分光双星。

08.153 复谱双星 composite-spectrum binary
在同一波段中观测到两种或多种显著不同光谱型的物理双星或聚星,不少情况下为由一颗光度级 Ⅰ—Ⅲ 的晚型星和一颗 B 型或 A 型主序星组成的双谱分光双星。

08.154 椭球双星 ellipsoidal binary
两子星呈椭球状,因其合成亮度随位相(轨道上的相对位置)按一定规律变化而被发现的物理双星。

08.155 密近双星 close binary star
未能由目视观测判知的物理双星。

08.156 互作用双星 interacting binary
两子星的演化与单星显著不同的密近双星。

08.157 X射线双星 X-ray binary, binary X-ray source

(1) 广义指测得 X 射线的物理双星。(2) 狭义指测得 X 射线并包含简并星或黑洞的物理双星。

08.158 子星 component star

组成物理双星或聚星的每颗恒星。

08.159 主星 primary star, primary component

通常指物理双星或聚星中最亮的或质量最大的子星。

08.160 次星 secondary star, secondary component

通常指物理双星中较暗的或质量较小的子星。

08.161 伴星 companion star

通常指双星或聚星中较难观测到的子星。

08.162 暗伴星 faint companion

亮度比主星暗得多、以至还没有直接观测到的子星。

08.163 未见子星 unseen component

物理双星或聚星中由分析推断存在,但尚未观测到的成员星。

08.164 临界等位面 critical equipotential surface

假定密近双星两子星可当作质点,并沿圆轨道运动,则引力位为某一常数值的曲面为某个等位面,其中通过内拉格朗日点的那个等位面为"临界等位面"。

08.165 洛希瓣 Roche lobe

临界等位面包围的两个区域。

08.166 不接双星 detached binary

两子星都不充满其临界等位面的物理双星。

08.167 半接双星 semi-detached binary

一颗子星已充满其临界等位面,而另一子星未充满的物理双星。

08.168 相接双星 contact binary

两子星都已充满其临界等位面的物理双星。

08.169 近相接双星 near-contact binary

两子星半径都不小于各自内临界等位面等体积球半径 80% 的密近双星,还分为近相接半接双星和近相接不接双星。

08.170 食双星 eclipsing binary

某波段电磁辐射强度表现轨道周期性掩食的物理双星。

08.171 大陵型双星 Algol-type binary

不充满临界等位面的子星质量较大而且不是简并星的半接双星。

08.172 大熊 W 型双星 W UMa binary

一类相接食双星,轨道周期约 5—18 小时,亮度连续变化,光变幅通常小于目 视星等 0.8 等,光变曲线次极小和主极小的深度接近相等,子星通常为 F—K 型星。

08.173 御夫 ζ 型星 ζ Aur star

由 K 或 M 型超巨星和 B 型主序星组成、具有大气食现象的食双星。

08.174 激变双星 cataclysmic binary

又称"激变变星(cataclysmic variable)"。由一颗白矮星和一颗充满洛希瓣、一般为晚型的恒星组成的,亮度的变化和质量转移密切相关的半接双星。

08.175 激变前双星 precataclysmic binary

又称"激变前变星(precataclysmic variable)"。下一个演化阶段将要成为激变双星的物理双星,通常认为其成员星之一为白矮星或即将演化成白矮星的恒星,另一为小质量主序星或离开主序还很近的恒星，两者组成典型周期短于约两天的不接双星。

08.176　双子 U 型双星　U Gem binary
具有双子 U 型星特征的激变双星。

08.177　共生双星　symbiotic binary
(1)已发现为双星的共生星。(2)现已发现共生星通常是由红巨星和白矮星组成的半相接双星，故也称为共生双星。

08.178　猎犬 RS 型双星　RS CVn binary
由一颗 G 型或 K 型亚巨星和一颗 F 型或 G 型主序星组成、有类似太阳但规模更大的表面活动的不接双星。

08.179　脉冲双星　binary pulsar
全称“射电脉冲双星(binary radio pulsar)”。子星之一是射电脉冲星的物理双星。

08.180　硬双星　hard binary
处在大批快速运动小质量天体(以下简称质点)环境中的，结合能比环境温度（后者以速度弥散的平方与质点平均质量的乘积来表示）高得多的物理双星。

08.181　软双星　soft binary
处在大批快速运动小质量天体（以下简称质点）环境中的，结合能比环境温度（后者以速度弥散的平方与质点平均质量的乘积来表示）低得多的物理双星。

08.182　测光解　photometric solution
对测光双星(主要是食双星)的光变曲线进行计算所得的轨道倾角、子星相对亮度和相对大小等导出参量的总称。

08.183　分光解　spectroscopic orbit
对分光双星的视向速度曲线进行计算所得的视向速度半变幅、质心视向速度、轨道偏心率等导出参量的总称。

08.184　聚星　multiple star
三颗至大约十颗恒星组成的，在彼此引力作用下运动的天体系统。

08.185　三合星　triple star
由三颗恒星组成的聚星。

08.186　四合星　quadruple star
由四颗恒星组成的聚星。

08.187　六合星　sextuple star
由六颗恒星组成的聚星。

08.188　猎户四边形　Trapezium of Orion
由猎户 θ^1 的四颗 O 型、B 型年轻恒星形成的边长相差不多的四边形聚星系统。

08.189　射电星　radio star
测到射电辐射的恒星。

08.190　射电源　radio source
有射电辐射的天体或局部天区。

08.191　平谱源　flat-spectrum source
谱指数 $\alpha \leqslant 0.4$ 的射电源。

08.192　陡谱源　steep-spectrum source
谱指数 $\alpha > 0.4$ 的射电源。

08.193　射电展源　extended radio source
能测量出张角的射电源。

08.194　射电致密源　compact radio source
角径远小于 1 弧秒的射电源。

08.195　射电变源　variable radio source
射电流量密度等被测参数随时间变化的射电源。

08.196　微波激射源　maser source
有通过微波激射作用发射的射电谱线的天体。

08.197　红外源　infrared source

在红外波段有强辐射的天体。

08.198 IRC源 IRC source
波长 2μm 红外巡天星表中所列的红外源。

08.199 红外超天体 infrared-excess object
红外波段辐射比其黑体辐射理论预期的有明显增强的天体。

08.200 紫外超天体 ultraviolet-excess object
紫外波段辐射比其黑体辐射理论预期的有明显增强的天体。

08.201 X射线星 X-ray star
测到X射线辐射的恒星。

08.202 X射线食变星 eclipsing X-ray star
观测到X射线食现象的X射线星。

08.203 X射线展源 extended X-ray source
角径较大,明显可分辨空间结构的X射线源。

08.204 X射线变源 variable X-ray source
X射线光度等有变化的X射线源。

08.205 暂现X射线源 transient X-ray source
X射线光度变化类似新星爆发现象的X射线源,是一种物质吸积有很大变化的X射线双星。

08.206 X射线暴源 X-ray burster
一种X射线光度有强烈闪耀的X射线源,闪耀上升时间常小于1s、衰减时间3—100s。有二种类型:Ⅰ型暴源,数小时到数天重复爆发;Ⅱ型暴源,又称"快暴源(rapid burster)",可在几天之内每数分钟或更短时间内重复爆发。

08.207 核球X射线源 bulge X-ray source
出现在银河系核球内、没有明显X射线爆发现象的一类小质量X射线双星。

08.208 γ射线暴源 γ-ray burster, GRB
(1) 广义(包括软γ射线复现源)指光子能量约从一千到一亿电子伏,主要集中在100keV以上,能量超过30keV的流量比最强的稳定X射线和γ射线源更强几个量级的暂现γ射线源,爆发持续约10ms到1ks以上,上升时间可短到约0.1ms。(2)又称"经典γ射线暴源"。狭义(不包括软γ射线复现源)指爆发具有随时间变化的硬能谱(典型光子能量约从100至1 000keV),持续时间平均为10—20s,只观测到一次爆发,空间分布各向同性的暂现γ射线源。

08.209 软γ射线复现源 soft gamma repeater, soft gamma-ray repeater
又称"软γ暴复现源(soft gamma burst repeater)"。观测到多次爆发的高能暂现源,爆发具有软能谱(典型光子能量约40keV),持续时间的量级从几十毫秒到10s,间隔的时间尺度从若干秒至若干年。

08.210 子源 component
天体辐射源由几个部分组成时,每个组成部分的称谓。

08.211 星团 star cluster
由十几颗至上百万颗恒星组成的有共同起源、相互之间有较强的力学联系的天体系统。

08.212 疏散星团 open cluster
曾称"银河星团(Galactic cluster)"。结构松散、外形不规则的星团。

08.213 移动星团 moving cluster
距离太阳相当近、因而能定出辐射点或汇聚点的疏散星团。

08.214 球状星团 globular cluster

结构致密、中心集聚度很高、外形呈圆形或椭圆形的星团。

08.215 金属度 metallicity
恒星大气铁丰度与太阳大气相应值之比的常用对数，以[Fe/H]表示。

08.216 富金属星团 metal-rich cluster
通常指金属度大于−1.3的星团。

08.217 贫金属星团 metal-poor cluster
通常指金属度小于−1.6的星团。

08.218 盘族球状星团 disk globular cluster
通常指金属度大于−0.8的球状星团。

08.219 晕族球状星团 halo globular cluster
通常指金属度小于−0.8的球状星团。

08.220 星协 stellar association
一种空间数密度比星团稀疏得多、主要由同类恒星组成的恒星集团，只有从星场中挑出某类恒星，聚集现象才能确认。

08.221 O星协 O association
又称"OB星协(OB association)"。主要由O、B型星组成的星协。

08.222 T星协 T association
主要由金牛T型星组成的星协。

08.223 速逃星 runaway star
以一二百千米每秒的空间速度逃离O星协的O型和B型恒星。

08.224 场星 field star
在星团或星协所在天区中不属于它们的成员的恒星。

08.225 团星 cluster star
星团的成员星。

08.226 极向恒星 pole-on star
自转轴沿视线方向的恒星。

08.227 古德带 Gould Belt
在太阳附近聚集的大量亮于7等的OB型星的带状恒星集团，长约700pc，厚约70pc，其中心平面与银道面交角约17°。由美国天文学家古德(Gould)所发现。

08.228 星云 nebula
由气体和尘埃组成的云雾状天体。历史上最初使用本名称时曾把现已清楚是星系和星团的天体包括在内。

08.229 银河星云 Galactic nebula
银河系内太阳系外由气体和尘埃组成的云雾状天体。

08.230 行星状星云 planetary nebula
由稀薄电离气体组成有明晰边缘的小圆面状星云，其中心有一向白矮星过渡的热星，星云为该中心星所抛出，正向外膨胀，并由中心星的紫外辐射照射而发光。

08.231 原行星状星云 proto-planetary nebula
指在演化序列上正好在行星状星云之前，从赫罗图上的渐近巨星支的端点向左，质量损失率$\geqslant 10^{-5}$太阳质量/年的天体。

08.232 WR星云 Wolf-Rayet nebula, WR nebula
环绕沃尔夫－拉叶星的环状星云，与沃尔夫－拉叶星有演化联系。

08.233 弥漫星云 diffuse nebula
星际气体或尘埃组成的不规则形状的云雾状天体。包括亮星云和暗星云。

08.234 亮星云 luminous nebula
发光的弥漫星云。包括发射星云和反射星云。

08.235 发射星云 emission nebula
受附近高温恒星的紫外辐射激发而发光的亮星云,光谱中包含发射线。

08.236 激发星 exciting star
位于发射星云内或近旁、因其紫外辐射激发星云中的气体而使星云发光的高温恒星。

08.237 彗状星云 cometary nebula
一种扇状的发射星云,照射它的恒星处在扇形的角顶,因形状像彗星而得名。

08.238 反射星云 reflection nebula
反射附近亮星的光而发亮的亮星云,光谱中包含恒星的吸收线。

08.239 暗星云 dark nebula
不发光的弥漫星云。

08.240 气体星云 gaseous nebula
主要由气体组成的星云。

08.241 尘埃星云 dust nebula
主要由尘埃组成的星云。

08.242 纤维状星云 filamentary nebula
超新星爆发抛出的大量物质在向外膨胀过程中与星际物质和磁场相互作用所形成的纤维状的亮气体星云。是某些超新星遗迹所具有的特征。

08.243 变光星云 variable nebula
光度变化的星云。

08.244 分子云 molecular cloud
星际空间某些化学分子聚集的区域。

08.245 网状结构 network structure
特指弥漫星云的网络状结构。

08.246 巨分子云 giant molecular cloud
主要由分子氢组成的冷而密的巨大星际物质云,是恒星形成的主要场所 (平均尺度为 40pc。总质量约 5×10^5 太阳质量)。

08.247 气尘复合体 gas-dust complex
由星际气体和尘埃组成的、比气体星云和尘埃星云更大且更稠密的一种低温聚合体。

08.248 恒星复合体 stellar complex
源自同一气尘复合体,范围在几百秒差距,年龄约 10^8 年的恒星集合体。

08.249 星际空间 interstellar space
恒星之间的空间。

08.250 星际介质 interstellar medium
又称"星际物质(interstellar matter)"。星系内恒星与恒星之间的物质。

08.251 星际气体 interstellar gas
星际介质中的气体成分。

08.252 星际尘埃 interstellar dust
星际介质中的尘埃成分。

08.253 星际云 interstellar cloud
星际介质聚集成的云状物。

08.254 中性氢区 HⅠ region
星际空间主要包含中性氢的区域。

08.255 电离氢区 HⅡ region
星际空间主要包含电离氢的区域。

08.256 星际消光 interstellar extinction
由于星际物质的吸收和散射作用所引起的星光减弱。

08.257 星际红化 interstellar reddening
星际尘埃散射蓝光比红光利害,造成星光变红的现象。

08.258 星际吸收线 interstellar absorption line
星际气体在恒星光谱中产生的吸收线。

08.259 弥漫星际带 diffuse interstellar band, DIB

在恒星光谱中波长约 443nm、618nm、628nm 等处观测到的吸收带，到 1991 年已发现一百个以上，可能由星际高分子、星际尘埃等产生。

08.260 星际闪烁 interstellar scintillation

由星际介质扰动引起的天体辐射流量的快速随机起伏。

08.261 星周物质 circumstellar matter

在恒星周围与恒星有演化联系并显著受恒星影响的物质，主要由气体和尘埃组成。

08.262 恒星形成 star formation

由星际介质，主要是分子云，产生恒星的过程。

08.263 恒星结构 stellar structure

天体物理学的一个分支。通过理论推算来研究恒星内部的物理状态、从中心至表面各个物理量和化学成分的分布。

08.264 恒星演化 stellar evolution

恒星形成后，在引力、压力和核反应的作用下，恒星结构随时间而变化，直至能量耗尽，变为简并星或黑洞的过程。

08.265 坍缩云 collapsing cloud

正在形成产星区的分子云。在引力作用下，其外部在向中心坍缩。

08.266 产星区 star-forming region

恒星形成的场所，主要在巨分子云内。少数小质量恒星形成于较小的分子云内，称为"巴克球状体(Bok globules)"。

08.267 球状体 globule

球形小暗星云，因衬托在有些亮星云的明亮背景上而被发现，可能是恒星形成早期阶段的一种表现。

08.268 彗形球状体 cometary globule

分子云恒星形成区受附近热星的紫外光照射下呈现的彗状物。

08.269 BN 天体 BN object

美国天文学家贝克林(Becklin)和诺伊格鲍尔(Neugebauer)在猎户星云中发现的一个点状红外源。被认为是恒星刚形成阶段的候选者。

08.270 原恒星盘 protostellar disk

环绕原恒星正在向内旋进，不断增加原恒星质量的轮胎状稠密气体盘。

08.271 原恒星 protostar

年轻恒星演化过程的一个阶段，它已从星云形成为恒星，但还未发展到内部开始核反应。

08.272 原恒星喷流 protostellar jet

原恒星近旁呈现的向两相反方向高度准直的超声喷流。

08.273 赫比格–阿罗天体 Herbig-Haro object, HH object

位于红外源或金牛 T 型星近旁，并受它们发出的星风或辐射的加热而发光的恒星状亮星云。

08.274 新生星 newly formed star

新形成的星。

08.275 前身天体 progenitor

甲和乙代表不同天体。如果甲的下一个演化阶段变成乙，甲称为乙的前身天体。

08.276 前身星 progenitor, progenitor star

前身天体是恒星时可称为前身星。

08.277 共包层演化 common-envelope evolution

双星演化过程的一种特殊阶段，子星之一的红巨星膨胀，半径超过了子星的轨道半径,二星在具有共同的包层条件下继续演化。

08.278 示距天体 distance indicator
已知光度或其它参量,可用以估计其它天体或天体系统距离的天体。

08.279 分光视差 spectroscopic parallax
通过恒星光谱中某些谱线的强度与绝对星等的关系等途径所确定的恒星周年视差。

08.280 光度视差 luminosity parallax
由绝对星等和视星等之差所确定的天体的周年视差。

08.281 造父视差 cepheid parallax
利用造父变星周光关系或周光色关系所确定的恒星周年视差。

08.282 力学视差 dynamical parallax
利用目视双星轨道要素,根据开普勒第三定律所推算出来的双星的周年视差。

08.283 星际视差 interstellar parallax
利用星际介质对天体的统计消光规律所确定的天体周年视差。

08.284 星群视差 group parallax
又称"星团视差(cluster parallax)"。利用移动星团内恒星自行和视向速度观测资料所确定的星团或团内成员星的周年视差。

08.285 平均视差 mean parallax
又称"统计视差(statistical parallax)"。具有某种共同性质的星群的周年视差平均值。

08.286 银河系 Galaxy, Galactic System
地球和太阳所在的星系。

08.287 银河 Milky Way
地球上观测者所看到的银河系主体在天球上的投影;在晴朗夜空中呈现为一条边界不规则的乳白色亮带。

08.288 恒星云 star cloud
恒星高度密集的某些天区,看上去像是发亮的星云。

08.289 银道面 Galactic plane
经过太阳且与银盘对称平面相平行的平面。

08.290 银心 Galactic center
(1) 银河系的中心点,即银河系自转轴与银盘对称平面的交点。(2) 银河系的核心区域。

08.291 反银心方向 Galactic anticenter
天球上与银心方向相差 180°的点所在的方向。

08.292 银心距 Galactocentric distance
银河系内天体到银心的距离。

08.293 近银心点 perigalacticon
恒星绕银河系中心运动的轨道上离银心最近的点。

08.294 远银心点 apogalacticon
恒星绕银河系中心运动的轨道上离银心最远的点。

08.295 隐带 zone of avoidance
在银道面附近,由于星际尘埃的消光使光学波段观测到的河外星系特别少的一个不规则带状天区。

08.296 太阳向点 solar apex
太阳相对邻近恒星运动所指向的天球上的点。

08.297 太阳背点 solar antapex
天球上与太阳向点相距 180°的点。

08.298 τ 分量 τ-component
恒星自行的一个分量。其方向与恒星视向

和太阳向点方向所构成的平面相垂直。

08.299 υ分量 υ-component
恒星自行的一个分量。其方向处于恒星视向和太阳向点方向所构成的平面内。

08.300 本地静止标准 local standard of rest, LSR
又称“局域静止标准”。运动速度同太阳附近局部(通常取离太阳100pc或更大)范围内所有恒星的平均运动速度相一致的坐标系。

08.301 奔赴点 vertex
(1)二星流假说中每一星流在本地静止标准中的总体运动方向所指向的天球上的点。(2)在研究光行差等效应时,地面观测者运动所指向的天球上的点。

08.302 奔离点 antivertex
天球上与奔赴点相距180°的点。

08.303 K效应 K-effect
又称“K项(K-term)”。太阳附近B型亮星相对于太阳的系统性向外扩张运动对视向速度观测值的影响,因该项影响通常以K表示而得名。

08.304 速度椭球 velocity ellipsoid
在德国天文学家K.史瓦西所提出的恒星本动速度椭球分布理论中,由速度空间内恒星数密度等于中心最大数密度的e^{-1}倍的点所构成的椭球。

08.305 银河系结构 Galactic structure
银河系恒星及其他形态物质的大尺度空间分布状态。银河系由银核、银河核球、银盘、银晕以及银冕组成。

08.306 银核 Galactic nucleus
银河系核球的中心致密区。

08.307 银河核球 Galactic bulge
银盘中央的球形隆起部分。

08.308 银盘 Galactic disk
银河系可见物质的主要密集部分,外形呈扁平圆盘状。

08.309 薄盘 thin disk
(1)即经典意义上的星系盘,用以区别近期发现的星系厚盘。(2)几何厚度处处远小于到中心天体径向距离的吸积盘。

08.310 厚盘 thick disk
(1)星系盘附近具有某种共同性质的老年恒星所构成的盘状结构,因比星系盘厚度大得多而得名。(2)几何厚度处处与到中心天体径向距离相当的吸积盘。

08.311 银晕 Galactic halo
银河系中包围着银盘、物质密度比银盘低的扁球形区域。

08.312 银冕 Galactic corona
银河系恒星分布区(银盘和银晕)之外的大致呈球形的巨大暗晕区,目前仅由引力作用判断其可能存在。

08.313 旋涡结构 spiral structure
旋涡星系所特有的物质分布结构。这种结构表现为从星系中心区隆起的核球的边缘向外延伸出若干条螺线状旋臂。

08.314 示臂天体 spiral arm tracer
能显示星系旋臂结构的天体。

08.315 光学臂 optical arm
根据光学天体显示出的旋涡星系的旋臂。

08.316 射电臂 radio arm
根据射电源显示出的旋涡星系的旋臂。

08.317 物质臂 material arm
由确定的恒星和其他形态物质构成的星系的旋臂,以区别于密度波理论对旋臂的解释。

08.318 人马臂 Sagittarius arm

银河系中靠近银心方向的一段旋臂,位于人马座。

08.319 猎户臂 Orion arm

银河系中靠近太阳外侧的一段旋臂,位于猎户座。

08.320 英仙臂 Perseus arm

银河系中离银心最远的一段旋臂,位于英仙座。

08.321 膨胀臂 expanding arm

银河系内离银心约 3 000pc 处的一条旋臂,因以约 53km/s 速度离银心向外作膨胀式运动而得名。

08.322 臂际星 interarm star

旋涡星系内位于旋臂之间的恒星。

08.323 银河系自转 rotation of the Galaxy

银河系内各类天体绕银心的整体转动,转动角速度随天体至银心距离的不同而不同。

08.324 星族 stellar population

星系中在年龄、化学组成、空间分布、运动特性等方面相近的大量天体的集合。

08.325 银面聚度 Galactic concentration

设离银道面距离为 z 处的天体空间数密度为 D,则 $-(\partial \lg D/\partial \lg z)$ 称为银面聚度。

08.326 银心聚度 Galactocentric concentration

设离银心距离为 R 处的天体空间数密度为 D,则 $(-\partial \lg D/\partial \lg R)$ 称为银心聚度。

08.327 星族Ⅰ population Ⅰ

由较年轻天体组成的星族。其特征是银面聚度大,绕银心的转动速度大,速度弥散度小,重元素丰度高。

08.328 星族Ⅱ population Ⅱ

由较年老天体组成的星族。其特征是银心聚度大,绕银心的转动速度小,速度弥散度大,重元素丰度低。

08.329 星族Ⅲ population Ⅲ

在星系形成前可能就已存在的、由超大质量恒星组成的最年老星族。关于星族Ⅲ天体的存在至今还是一个假设。

08.330 臂族 arm population

又称"极端星族Ⅰ(extreme population Ⅰ)"。由最年轻天体组成的星族。

08.331 盘族 disk population

又称"薄盘族(thin-disk population)"。由中等年龄天体组成的盘结构的星族。

08.332 厚盘族 thick-disk population

构成厚盘的星族。

08.333 晕族 halo population

又称"极端星族Ⅱ(extreme population Ⅱ)"。由最年老天体组成的星族。

08.334 银河系子系 Galactic component

银河系内在空间分布和运动状态上有共同特征的大量天体的集合。

08.335 扁平子系 plane component

由银面聚度大、绕银心转动速度大的天体所构成的银河系子系。

08.336 中介子系 intermediate component

空间分布和运动特性介于扁平子系和球状子系之间的一类银河系子系。

08.337 球状子系 spherical component

由银面聚度小、银心聚度大、绕银心转动速度小的天体所构成的银河系子系。

08.338 银河系次系 Galactic subsystem

银河系同一子系内由物理性质相近的天体组成的集合。

08.339 扁平次系 plane subsystem
组成扁平子系的各个次系。

08.340 中介次系 intermediate subsystem
组成中介子系的各个次系。

08.341 球状次系 spherical subsystem
组成球状子系的各个次系。

08.342 高速星 high-velocity star
在太阳邻近相对于太阳的速度大于60 km/s 的星族Ⅱ恒星。

08.343 银河射电支 Galactic radio spur
银河射电背景辐射偏离银道面的若干支叉,被认为是太阳附近的老超新星遗迹。

08.344 北银极支 north polar spur
分布在从银道面延伸到北银极区的一片射电连续结构。它也是 X 射线源。可能是距离 50—200pc 的超新星遗迹。

08.345 银河噪声 Galactic noise
叠加在宇宙微波背景辐射中的起源于银河系天体和星际介质的弥漫辐射。

08.346 卡普坦选区 Kapteyn Selected Area
在天球上作均匀分布的 206 个天区,用于恒星天文学研究,因由荷兰天文学家卡普坦提出而得名。

08.347 哈佛选区 Harvard Region
哈佛大学天文台于 1907 年开创的变星巡天的选择天区。

08.348 巴德窗 Baade's window
银河系核球方向上银纬 3.9°处星际消光相对较弱的一个小天区,直径约为 1°,中心位于球状星团 NGC6522 处。

09. 太　　阳

09.001 太阳 sun
距地球最近,因而最亮的一颗恒星。地球绕它公转。

09.002 太阳物理学 solar physics
研究太阳的物理状态、化学成份以及起源、结构和演化的学科。

09.003 原太阳 protosun
形成太阳的弥漫、等温和密度均匀的星际云。

09.004 光学太阳 optical sun
在可见光波段观测到的太阳。

09.005 射电太阳 radio sun
在射电波段观测到的太阳。

09.006 X 射线太阳 X-ray sun
在 X 射线波段观测到的太阳。

09.007 宁静太阳 quiet sun
忽略活动现象的太阳。

09.008 活动太阳 active sun
含有活动现象的太阳。

09.009 太阳常数 solar constant
表征太阳辐射能量的一个物理量,等于在地球大气外离太阳 1 个天文单位处,和太阳光线垂直的 1 平方厘米面积上每分钟所接收到的太阳总辐射能量。其值为 8.21J/(cm^2·min)。

09.010 太阳辐照度 solar irradiance

在地面上接收到的太阳辐射流量。

09.011 太阳扁率 solar oblateness
太阳的赤道直径略大于两极直径,差值约为平均直径的 5×10^{-5},称为太阳扁率。

09.012 太阳内部 solar interior
太阳对流层及其以下层次因其辐射被外层吸收,不能直接观测,只能用理论间接研究,称太阳内部。

09.013 太阳中微子亏缺 solar neutrino deficit
太阳中微子流量的实测值仅为现有理论值的 1/3 左右,似乎出现“亏缺”,故名。

09.014 太阳中微子单位 solar neutrino unit, SNU
天体中微子辐射强度的单位。以每个靶原子每秒俘获 10^{-36}个太阳中微子为 1。

09.015 太阳振荡 solar oscillation
太阳上气体运动速度周期性起伏的现象。

09.016 日震学 helioseismology
观测和研究太阳振荡现象的学科。

09.017 p 模 p-mode
太阳振荡的一种模式,即由压力波引起的径向脉动模式。

09.018 g 模 g-mode
太阳振荡的一种模式,即非径向的重力模式。

09.019 5 分钟振荡 five-minute oscillation
在太阳光球上观测到的周期约为 5 分钟的速度起伏。

09.020 160 分钟振荡 160-minute oscillation
在太阳光球上观测到的周期约为 160 分钟的速度起伏。

09.021 太阳大气 solar atmosphere
能直接观测到的太阳表面气体层。

09.022 光球 photosphere
太阳大气的最低层,温度由内向外降低。

09.023 太阳黑子 sunspot
简称“黑子”。太阳光球中的暗黑斑点。磁场比周围强,温度比周围低,是主要的太阳活动现象。

09.024 太阳黑子群 sunspot group
在日面局部区域成群出现的黑子。

09.025 小黑点 pore
又称“气孔”。太阳上没有半影的孤立小黑子。

09.026 黑子本影 sunspot umbra
发展完全的太阳黑子中,较暗的核心部分。

09.027 黑子半影 sunspot penumbra
发展完全的太阳黑子中,围绕本影的较亮的边缘区域。

09.028 单极黑子 unipolar sunspot
孤立存在的黑子。只具有一种磁极性。

09.029 双极黑子 bipolar sunspots
磁场极性相反、强度相近的成对黑子。

09.030 前导黑子 leading sunspot, preceding sunspot
太阳黑子群中位于日面西边(就太阳自转方向来说位于前面)的主要黑子。

09.031 后随黑子 following sunspot, trailer sunspot
太阳黑子群中位于日面东边(就太阳自转方向来说位于后面)的主要黑子。

09.032 威尔逊凹陷 Wilson depression
英国天文学家威尔逊根据日面边缘附近黑子半影宽度的不对称性,认为黑子低于光球的现象。

09.033 埃弗谢德效应 Evershed effect
黑子上空大气低层的物质从黑子内部沿径向外流到光球,高层物质由色球流入黑子的现象,因英国天文学家埃弗谢德首先发现而得名。

09.034 光斑 facula
太阳光球中温度较高,因而持续明亮的局部区域。

09.035 米粒 granule
日面上短暂而不断变化的多角形明亮斑点。

09.036 米粒组织 granulation
由大量米粒组成的细网状结构。

09.037 巨米粒 giant granule
太阳光球中由对流形成的一种明亮元胞,其尺度约为几十万公里,寿命为 10—14 月。

09.038 巨米粒组织 giant granulation
由巨米粒组成的太阳光球结构。

09.039 中米粒 mesogranule
太阳光球中由对流形成的一种明亮元胞,其尺度为 5 000—10 000km,寿命超过 2 小时。

09.040 中米粒组织 mesogranulation
由中米粒组成的太阳光球结构。

09.041 超米粒 supergranule, hypergranule
在日面速度场图和磁图中观测到的尺度为几万公里,寿命为几十小时的结构单元。

09.042 超米粒组织 supergranulation, hypergranulation
由大量超米粒组成的网状结构。

09.043 色球 chromosphere
位于光球和日冕之间的太阳大气层,温度由内向外升高。

09.044 色球蒸发 chromospheric evaporation, chromospheric ablation
耀斑发生时,局部色球物质因温度剧增而向日冕扩散的现象。

09.045 色球压缩区 chromospheric condensation
太阳耀斑产生初期在色球层顶部形成并向下运动的高密度区。

09.046 色球网络 chromospheric network
在宁静太阳色球中,由亮斑和暗斑组成的多角形链状结构。

09.047 增强网络 enhanced network
由日面磁元组成的网络状结构,各磁元的磁场较强,单个网络的极性基本相同。

09.048 谱斑 plage, flocculus
太阳色球内持续明亮的区域。一般可用仅透过氢 Hα 线或电离钙 K 线中心辐射的滤光器看到,分别称为氢谱斑和钙谱斑。

09.049 耀斑 flare
太阳大气局部区域突然变亮的活动现象,常伴随有增强的电磁辐射和粒子发射。

09.050 白光耀斑 white-light flare
具有增强的光学连续谱辐射的耀斑。

09.051 双带耀斑 two-ribbon flare
在太阳色球单色象上表现为两条亮带的耀斑。

09.052 相似耀斑 homologous flare
在太阳上同一处接连发生、且形状和演变过程都相似的耀斑。

09.053　相应耀斑　sympathetic flare
某些太阳耀斑的出现可能是不同活动区中正在发生的其他耀斑的反响。前者称为后者的相应耀斑。

09.054　致密耀斑　compact flare
小而亮的太阳耀斑，在太阳色球单色象上表现为若干亮斑或亮弧。

09.055　微耀斑　microflare, miniflare
在 X 射线和紫外波段观测到的太阳上微小的、存在时间很短的亮点，其能量一般小于 10^{20}J。

09.056　纳耀斑　nanoflare
又称"纤耀斑"。在日冕中频繁出现的极小爆发，每一个爆发的尺度估计为 500km，能量小于 10^{18}J。

09.057　[太阳]质子耀斑　[solar] proton flare
在高能粒子发射中质子流量较大的耀斑。

09.058　[太阳]质子事件　[solar] proton event
太阳质子耀斑使地球轨道附近能量大于 10MeV 的质子流量超过平时一个量级的事件。

09.059　耀斑核　flare kernel
太阳耀斑在低层大气中的核心区域。其 Hα 发射线比其他区域更宽和更强，故可用 Hα 偏带观测到核块。

09.060　埃勒曼炸弹　Ellerman bomb
又称"胡须(moustache)"。在黑子附近出现的、仅可在 Hα 线翼处观测到的亮点。

09.061　[耀斑]闪相　flash phase
太阳色球耀斑从开始变亮迅速发展到极大亮度，通常只需几分钟至十几分钟。这一时期称为闪相。

09.062　[耀斑]爆发相　explosive phase
一些太阳色球耀斑有面积迅速扩展的阶段，称为爆发相。并非所有耀斑都有爆发相 。

09.063　脉冲相　impulsive phase
太阳耀斑刚产生后硬 X 射线急剧变化的阶段。

09.064　耀斑后环　post-flare loop
双带耀斑的一种伴生现象，即在耀斑主相期内由高温耀斑环冷却而在日冕内形成的一系列环状结构物，一般可存在 10—20 小时。

09.065　日珥　solar prominence
突出在日面边缘外的一种火焰状活动现象。它远比日冕亮，但比日面暗。

09.066　宁静日珥　quiescent prominence
比较稳定的日珥，寿命可达数月。

09.067　活动日珥　active prominence
具有强烈活动和变化的日珥，寿命只有几分钟至几小时。

09.068　爆发日珥　eruptive prominence
激烈活动并有爆发现象的日珥，在日面上表现为暗条突逝。

09.069　暗条　filament
太阳色球单色象上的细长形暗条纹，是日珥在日面上的投影。

09.070　拱状暗条系统　arch filament system, AFS
当磁流管从太阳表面下浮现出来形成小双极区时，在 Hα 单色象上观测到的连接正、负极性区的暗纤维群。

09.071　针状物　spicule
太阳色球表面上的针状活动体。

09.072 日浪 surge

从太阳活动区抛出,达到一定高度后往往又沿原路径返回日面的气流。

09.073 日喷 spray

从太阳活动区高速抛出后不再返回日面的气流。

09.074 日芒 mottle

太阳色球单色象上观测到的针状物在日面上的投影,呈细小簇状。

09.075 细链 filigree

高分辨日面象上出现在超米粒边缘附近的链状图样。

09.076 玫瑰花结 rosette

太阳色球单色象上由日芒聚集而成的花瓣状物。

09.077 小纤维 fibril

太阳色球单色象上的细短条纹。

09.078 闪光谱 flash spectrum

日食期间,当月球遮掩太阳光球时所观测到的太阳色球发射光谱。

09.079 贝利珠 Baily's beads

日食期间,当月球遮掩太阳光球时,由于月球表面凹凸不平,日光仍可透过凹处发射出来,形成类似珍珠的明亮光点。因英国天文学家贝利首先观测而得名。

09.080 色球日冕过渡区 chromosphere-corona transition region

太阳大气中位于色球和日冕之间,物理状态随高度陡变的一个薄层。

09.081 日冕 solar corona

太阳大气的最外层,可延伸到几个太阳半径甚至更远处。温度达百万度。

09.082 E冕 E corona

由日冕自身的高次电离原子辐射形成的日冕成分。

09.083 F冕 F corona

由行星际尘埃云散射太阳光球辐射形成的日冕成分。

09.084 K冕 K corona

由自由电子散射太阳光球辐射形成的日冕成分。

09.085 日冕凝区 coronal condensation

日冕低层的明亮区域,是光球和色球的局部活动区在日冕中的延伸。

09.086 内冕 inner corona

日冕的内层,与太阳表面的距离小于0.3个太阳半径。

09.087 外冕 outer corona

日冕的外层,与太阳表面的距离大于0.3个太阳半径。

09.088 超冕 supercorona

日冕的最外层,与太阳表面的距离可达几十个太阳半径。

09.089 冕洞 coronal hole

用X射线观测到的日冕中的大片暗区域。

09.090 冕盔 coronal helmet

日冕中头盔形的明亮结构。

09.091 冕环 coronal loop

日冕中环形的明亮结构。

09.092 冕扇 coronal fan

日冕中扇形的明亮结构。

09.093 冕流 coronal streamer

日冕中明亮的射流状结构,其长度与太阳活动有关。

09.094 冕雨 coronal rain

日冕中一些较冷的物质流,以自由落体的速度沿弯曲轨道下落的现象。

09.095 极羽 polar plume
太阳两极区域的日冕羽毛状明亮结构。

09.096 日冕射线 coronal ray
冕流外部的细长射线状结构。

09.097 日冕物质抛射 coronal mass ejection, CME
又称"日冕瞬变(coronal transient)"。日冕局部区域内的物质大规模快速抛射现象。

09.098 太阳风 solar wind
日冕因高温膨胀,不断抛射到行星际空间的等离子体流。

09.099 扇形结构 sector structure
日地空间黄道面附近以太阳为中心向外展开的,正负极性相间的扇形磁场区域。

09.100 太阳风圈 heliosphere
太阳风扩散的区域,其外边界最远处与太阳的距离超过100天文单位。

09.101 太阳风顶 heliopause
太阳风圈的外边界。

09.102 辐射带 radiation belt
被磁场捕获在行星周围,能发射电磁辐射的太阳带电粒子所在区域。

09.103 日面 solar disk
用宽波段可见光所看到的太阳表面。

09.104 日面图 heliographic chart
反映太阳主要活动体的日面分布图。

09.105 日面综合图 carte synoptique(法)
反映在1个太阳自转周内太阳主要活动体按日面经纬度的分布图。

09.106 日面坐标 heliographic coordinate
用于描述日面上某点位置的球面坐标系。以通过日面中心和太阳两极的经圈为经度零点,以太阳赤道为纬度零点。

09.107 日面坐标网 heliocentric coordinate network
对应于不同时刻的太阳球面坐标网在日面上的投影图。

09.108 卡林顿子午圈 Carrington meridian
通过1854年1月1日世界时12时太阳赤道对黄道的升交点的日面经圈。

09.109 卡林顿坐标 Carrington coordinate
以卡林顿子午圈为经度零点,赤道为纬度零点的日面坐标系。

09.110 日心角 heliocentric angle
太阳表面某点至太阳中心连线与观测者至太阳中心连线的交角。

09.111 日心距离 heliocentric distance
太阳视圆面上一点与日面中心的距离。常以太阳半径为单位。

09.112 视面积 apparent area
太阳活动体在日面上的投影面积,以可见日面的百万分之一为度量单位。

09.113 改正面积 corrected area
太阳活动体的实际面积,通常由观测到的视面积经投影改正后求得。

09.114 太阳单色象 spectroheliogram, solar filtergram
用单色光所观测到的太阳象。

09.115 太阳单色光照相术 spectroheliography
让太阳象扫过光谱仪入射狭缝,在出射狭缝处拍摄太阳单色象的方法。

09.116 磁图 magnetogram
太阳上磁场的分布图。

09.117 纵[向磁]场 longitudinal [magnetic] field
磁场矢量在观测者视向上的分量。

09.118 横[向磁]场 transverse [magnetic] field
磁场矢量在与观测者视向垂直的平面上的分量。

09.119 [磁]中性线 [magnetic] neutral line
又称“极性变换线(polarity reversal line)”。太阳磁图中正极区与负极区的交界线。

09.120 非势[场]性 non-potentiality
磁场偏离势场的程度。

09.121 磁螺度 magnetic helicity
磁力线扭绞成螺旋形的程度。定义为磁场矢量势与磁场矢量点乘的体积分。

09.122 磁[场]剪切 magnetic shear
邻近磁场区域的相对移动。

09.123 磁[场]扭绞 magnetic twist
磁力线方位随空间位置不断变化的磁场形态。

09.124 电流片 current sheet
又称“中性片(neutral sheet)”。介于两个极性相反磁场间的电流薄层。

09.125 磁环 magnetic loop
太阳大气中的环形磁力线结构物。

09.126 运动磁结构 moving magnetic feature
从太阳黑子半影外围不断向外运动的、具有相同极性的小磁结构。其速度小于每秒1公里。

09.127 磁胞 magnetic cell
在活动区三维磁结构中磁力线走向相同的区域。

09.128 [磁拓扑]界面 separatrix
磁胞的表面。

09.129 [磁拓扑]界线 separator
不同[磁拓扑]界面的交线。

09.130 磁重联 magnetic reconnection
方向相反的磁力线因互相靠近而发生的重新联结现象。在此过程中,磁能可转化为其它能量。

09.131 磁对消 magnetic cancellation
极性相反的磁区互相靠近而发生的部分磁通量彼此抵消的现象。

09.132 磁元 magnetic element
日面磁场的基本组成单元,其角直径不超过1弧秒。

09.133 网络[磁]场 network [magnetic] field
在太阳光球宁静区观测到的磁场呈网络状结构,主要集中在超米粒边界附近,强度约为20—200Gs。

09.134 网络内[磁]场 intranetwork [magnetic] field
在太阳网络[磁]场中间区域的磁场,常包含许多强度小于10Gs的磁丘。

09.135 磁蓬 magnetic canopy
又称“磁盖”。日面超米粒边界上的磁力线,在向上伸展时向附近空间扩展而成的蓬状结构。

09.136 射电爆发 radio burst
又称“射电暴”。太阳局部区域射电辐射突然增强的现象。

09.137 噪暴 noise storm

太阳射电爆发的一种类型，由叠加在增强的连续辐射背景上的许多脉冲形窄频带的快速爆发所组成。

09.138 尖峰爆发 spike burst

太阳射电辐射的一种快速脉冲式爆发现象。每个脉冲爆发的持续时间仅为几毫秒到几十毫秒，形似尖峰。

09.139 损失锥 loss cone

又称“逃逸锥(escape cone)”。带电粒子在二磁镜之间运动时，其运动方向与磁力线交角小于某临界角 θ_0 的粒子，将逃出磁镜约束。因此在速度空间以 θ_0 为半顶角的圆锥体内的粒子将全部逃出磁镜约束。这个圆锥为损失锥。

09.140 太阳活动 solar activity

太阳黑子、耀斑、射电暴等活动现象的总称。

09.141 黑子相对数 relative number of spots

又称“沃尔夫数(Wolf number)”。表征太阳黑子多寡的一个量，其值 $R = k(10g + f)$，其中 g 是日面上黑子群的数目，f 是单个黑子的数目，k 是与观测台站、仪器和观测者有关的一个常数。由瑞士天文学家沃尔夫首先提出。

09.142 苏黎世数 Zürich number

瑞士苏黎世天文台所测定的沃尔夫数，该台的 k 值取为 1。

09.143 蝴蝶图 butterfly diagram

以时间为横坐标，日面纬度为纵坐标而绘出的形如蝴蝶的太阳黑子群分布图。

09.144 太阳活动区 solar active region

以黑子为主体的太阳活动现象汇聚的区域。

09.145 瞬现[活动]区 ephemeral [active] region

存在时间仅约 1 天的、具有两个不同极性磁场结构的日面小活动区。

09.146 活动经度 active longitude

日面上活动现象频繁的经度区域。

09.147 活动穴 active nest

又称“活动复合体(active complex)”。日面上几个活动区挤在一块的区域。

09.148 太阳活动周 solar cycle

太阳活动强弱变化的周期，平均约为 11 年。

09.149 巨极大 giant maximum

持续几十年以至超过一个世纪的太阳活动极大期。

09.150 巨极小 giant minimum

持续几十年以至超过一个世纪的太阳活动极小期。

09.151 蒙德极小期 Maunder minimum

英国天文学家蒙德发现的 1645—1715 年间太阳活动持续处于低潮的时期。

09.152 斯波勒极小 Spörer minimum

在 1400—1510 年，太阳活动持续处于低水平的时期。

09.153 太阳磁周 solar magnetic cycle

太阳普遍磁场的极性，以及前导和后随黑子在日面南、北半球的磁极性排列，都每隔大约 22 年反转一次。这个周期称为太阳磁周。

09.154 斯波勒定律 Spörer's law

在一个太阳活动周中黑子平均纬度随时间的变化规律。具体表现为“蝴蝶图”。

09.155 日地关系 solar-terrestrial relationship

太阳的电磁辐射和粒子流对地球磁场、电离层和气候等方面影响的总称。

09.156 电离层突扰 sudden ionospheric disturbance, SID

太阳耀斑强烈的X射线和紫外辐射,使地球电离层的电离度突然增大,高度下降,从而引起一系列与电离层有关的电波传播效应,并影响无线电通讯。

09.157 天电突增 sudden enhancement of atmospherics, SEA

电离层突扰的一种形式。D层的电离度突然增大,使其对大气中天电低频波的反射率增加,导致天电噪声信号急剧增强。

09.158 宇宙噪声突然吸收 sudden cosmic noise absorption, SCNA

电离层突扰的一种形式。电离层的电离度增大,使宇宙射电信号穿过电离层时受到的吸收增强,因此在地面接收到的信号突然减弱。

09.159 相位突异 sudden phase anomaly, SPA

电离层突扰的一种形式。太阳耀斑使接收到的某电台的天波和地波合成信号相位的突变现象。

09.160 场强突异 sudden field anomaly, SFA

太阳耀斑使接收到的某电台的天波和地波合成信号强度突变的现象。

09.161 短波突衰 sudden short wave fade-out, SSWF

又称"莫格尔－戴林格效应(Mögel-Dellinger effect)"。电离层突扰的一种形式。太阳耀斑期间,D和E层的电离度突然增大,由F层反射的高频电波在通过D和E层时受到的吸收增大,导致无线电波信号突然减弱,甚至中断。

09.162 磁钩 crochet(法)

太阳耀斑出现时,地磁强度记录上出现的持续几分钟至几十分钟的钩形变化。

09.163 太阳巡视 solar patrol

对以耀斑为主的太阳活动现象的连续监测。

09.164 太阳服务 solar service

向气象、电讯、地磁、电离层和宇航等有关部门提供太阳活动资料和预报的工作。

10. 太　阳　系

10.001 太阳系 solar system

(1) 由太阳和围绕它运动的天体构成的体系及其所占有的空间区域。(2) 由太阳、行星及其卫星与环系、小行星、彗星、流星体和行星际物质所构成的天体系统及其所占有的空间区域。

10.002 内太阳系 inner solar system

太阳系中,小行星带以内的区域。

10.003 外太阳系 outer solar system

太阳系中,小行星带以外的区域。

10.004 行星 planet

围绕太阳或其他恒星运行的质量不超过木星的较大天体。

10.005 大行星 major planet

绕太阳运行的九个大行星的总称。依距离太阳远近其顺序是水星、金星、地球、火星、木星、土星、天王星、海王星和冥王星。

10.006　水星　Mercury
太阳系九大行星之一。距太阳最近。

10.007　金星　Venus
太阳系九大行星之一。从地球上看,它是最亮的行星。

10.008　地球　earth
太阳系九大行星之一。人类生活所在的行星。

10.009　火星　Mars
太阳系九大行星之一。从地球上看,它颜色最红。

10.010　木星　Jupiter
太阳系九大行星之一。太阳系中最大的行星。

10.011　土星　Saturn
太阳系九大行星之一。有明显的光环。

10.012　天王星　Uranus
太阳系九大行星之一。1781 年由德国天文学家威廉·赫歇尔发现。

10.013　海王星　Neptune
太阳系九大行星之一。19 世纪 40 年代,由英国天文学家亚当斯和法国天文学家勒威耶预算后发现。

10.014　冥王星　Pluto
太阳系九大行星之一。距太阳最远,1930 年美国天文学家汤博发现。

10.015　水内行星　intra-Mercurial planet
设想中存在于水星轨道里面的行星。

10.016　海外行星　trans-Neptunian planet
冥王星及近几年在海王星轨道外面发现的几十个直径几十至几百公里大小的行星。

10.017　冥外行星　trans-Plutonian planet
设想中存在于冥王星轨道外面的大行星。

10.018　X 行星　Planet X
设想中存在的第十颗大行星。

10.019　内行星　inferior planet
轨道在地球轨道以内的行星,即水星和金星。

10.020　外行星　superior planet
轨道在地球轨道以外的行星,即火星、木星、土星、天王星、海王星和冥王星。

10.021　类地行星　terrestrial planet
体积小、密度大、自转慢、卫星少,类似地球的行星。

10.022　类木行星　Jovian planet
体积大、密度小、自转快、卫星多,类似木星的行星。

10.023　巨行星　giant planet
太阳系中四颗最大的行星,即木星、土星、天王星和海王星的统称。

10.024　带内行星　inner planet
轨道在小行星带以内的行星。

10.025　带外行星　outer planet
轨道在小行星带以外的行星。

10.026　小行星　minor planet, asteroid
沿椭圆轨道绕日运行不易挥发出气体和尘埃的小天体。它们大多分布在火星与木星轨道之间。

10.027　小行星带　asteroidal belt
轨道半长径约在 2.17—3.64 天文单位之间的小行星大量集聚的区域。

10.028　柯克伍德空隙　Kirkwood gap
在小行星带中小行星数密度分布极小的几个区域。

10.029 谷神星(小行星 1 号) Ceres
第一颗被发现的、也是最大的一颗小行星，1801 年由意大利天文学家皮亚齐发现。

10.030 智神星(小行星 2 号) Pallas
第二颗被发现的小行星，1802 年由德国天文学家奥伯斯发现。

10.031 婚神星(小行星 3 号) Juno
第三颗被发现的小行星，1804 年由德国天文学家哈丁发现。

10.032 灶神星(小行星 4 号) Vesta
第四颗被发现的、也是最亮的一颗小行星，1807 年由德国天文学家奥伯斯发现。

10.033 虹神星(小行星 7 号) Iris
第 7 号小行星。它是四颗最亮的小行星之一。

10.034 阿莫尔(小行星 1221 号) Amor
穿过火星轨道的一群小行星(阿莫尔型)中被发现的第一颗。

10.035 爱神星(小行星 433 号) Eros
一颗特殊的阿莫尔型小行星，编号 433。

10.036 特洛伊群 Trojan group
曾称“特罗央群”。轨道运动与木星相同的两群小行星。它们分别运行在木星的“前方”和“后方”，各与太阳、木星一起构成等边三角形。因其中一些小行星以特洛伊战争中的英雄命名而得名。

10.037 纯特洛伊群 pure Trojan group
在特洛伊群中，运行在木星“后方”的小行星群。

10.038 希腊群 Greek group
在特洛伊群中，运行在木星“前方”的小行星群。

10.039 近地小行星 earth-approaching asteroid, near-earth asteroid
运行时可以很接近地球轨道的小行星。

10.040 越地小行星 earth-crossing asteroid
近地小行星之一种，运行时可以进入地球轨道之内。

10.041 阿波罗(小行星 1862 号) Apollo
穿越地球轨道的小行星(阿波罗型)中被发现的第一颗。

10.042 喀戎星(小行星 2060 号) Chiron
又称“柯瓦尔天体”。一颗位于土星和天王星轨道之间的远日小行星。1977 年由柯瓦尔(C. T. Kowal)首先发现。

10.043 双小行星 binary asteroid
两个密近而又几乎同步绕太阳运行的小行星。

10.044 类小行星天体 asteroid-like object
具有某些彗星特征但又不能大量释放出气体和尘埃的绕太阳运行的小天体。

10.045 彗星 comet
俗称“扫帚星”。当靠近太阳时能够较长时间大量挥发气体和尘埃的一种小天体。

10.046 彗头 cometary head
彗星的主要组成部分，大体呈球状。它由彗核和彗发两部分构成。

10.047 彗核 cometary nucleus
在彗头中央，典型直径为几公里至十几公里的冰尘结合体。

10.048 彗发 coma
彗核四周向外膨胀的彗星大气层。

10.049 内彗发 inner coma
彗顶内较浓密的彗星大气层。其中气体分子、离子及电子频繁地相互碰撞。

10.050 彗晕 cometary halo

彗头外面极其稀薄而庞大的氢原子云以及OH云。其直径可达数百万公里。

10.051 彗顶 cometary pause

彗星中等离子体组分的一个宽阔转变区。彗顶外离子组分以太阳风为主，彗顶里则以彗星离子为主。

10.052 彗尾 cometary tail

由于彗头中气体和尘埃物质大量向外散逸，在背离（有时也在指向）太阳的方向上所形成的长长的尾巴。

10.053 尘埃彗尾 dust tail

向背离太阳方向延伸的彗尾中较为短、弯、粗的一支。它是彗头中尘埃物质和冰粒受太阳光压作用离开彗星的粒子流。

10.054 离子彗尾 plasma tail

向背离太阳方向延伸的彗尾中较为长、直、窄的一支。它是彗头中电离气体受太阳风作用而离开彗星的带电粒子流。

10.055 向日彗尾 sunward tail

从地球上看，向彗头指向太阳方向延伸的一支彗尾。

10.056 哈雷彗星 Halley's comet

最著名的彗星。由英国天文学家哈雷在1704年最先算出它的轨道而得名，每隔76年它回归一次。

10.057 恩克彗星 Encke's comet

公转周期最短（3年106天）的一颗亮度暗弱的彗星，德国天文学家恩克最先算出它的轨道。

10.058 长周期彗星 long period comet

绕太阳公转周期大于200年的彗星。

10.059 短周期彗星 short period comet

绕太阳公转周期不大于200年的彗星。

10.060 掠日彗星 sungrazing comet

穿过太阳内冕的彗星。

10.061 木[星]族彗[星] Jupiter's family of comets

远日距与木星轨道相近的彗星。

10.062 活跃彗星 active comet

正在大量释放气体和尘埃的彗星。

10.063 奥尔特云 Oort cloud

根据长周期彗星的轨道分布，奥尔特提出离太阳3万到20万天文单位处的一个巨大彗星"仓库"，估计其中的彗星超过1千亿颗。

10.064 柯伊伯带 Kuiper belt

一种理论推测认为短周期彗星是来自离太阳50—500天文单位的一个环带，这 个区域称为柯伊伯带。

10.065 流星体 meteoroid

太阳系中绕太阳运行的碎小物体。

10.066 流星群 meteor stream

沿同样轨道围绕太阳运行的许许多多流星体。它往往和彗星的散失物质密切相关。

10.067 卫星 satellite

绕行星运行的单个天体。

10.068 天然卫星 natural satellite

自然界固有的卫星。

10.069 人造卫星 artificial satellite

绕行星或卫星运转的人造天体。

10.070 伽利略卫星 Galilean satellite

木星的4个大卫星即木卫一、木卫二、木卫三和木卫四的统称。因1610年由意大利天文学家伽利略首先用望远镜发现而得名。

10.071 艾卫 Dactyl

艾达（小行星 243 号 Ida)的卫星。

10.072 牧羊犬卫星 shepherd satellite
轨道位于行星环边缘附近的卫星。

10.073 行星环 planetary ring
绕某些大行星运行的由碎小物体构成的物质环。因反射太阳光而发光形成光环。

10.074 土星环 Saturn's ring, Saturnian ring
土星赤道面上的环系，由绕土星运转的碎块和微粒组成。从内向外，环系可以分成D、C、B、A、F、G 和 E 七个同心圆环，其中B 环既宽又亮。旅行者 2 号飞船进一步发现土星环是由成千上万条细环密密麻麻拼成的。

10.075 卡西尼环缝 Cassini division
土星环 B 环与 A 环之间的空隙。1675 年被卡西尼发现，故而得名。环缝宽 5 000km。旅行者 2 号飞船发现环缝中还有几条细窄环。

10.076 恩克环缝 Encke division
又称“A 环环缝”。土星环 A 环中的空隙环缝，宽约 320km。

10.077 木星环 Jupiter's ring, Jovian ring
木星周围的环系。它由主环、弥漫盘和晕三部分组成。1979 年被旅行者飞船发现。

10.078 海王星环 Neptune's ring, Neptunian ring
海王星周围的环系，它由两条亮窄环，两个暗弥漫环以及一个尘埃壳构成。1989 年 8 月被旅行者 2 号飞船发现。

10.079 天王星环 Uranus' ring, Uranian ring
天王星赤道面上的环系。1977 年 3 月天王星掩食恒星时被发现。

10.080 行星际空间 interplanetary space
太阳系中行星之间的空间区域。

10.081 行星际物质 interplanetary matter
行星际空间中的气体和尘埃物质。

10.082 行星际磁场 interplanetary magnetic field
行星际空间中跟随太阳风径向向外运动的微弱磁场。

10.083 宇宙尘 cosmic dust
来自星际和行星际空间的尘埃。

10.084 行星学 planetology
研究行星、天然卫星、小行星等太阳系天体的性质和演变的学科。

10.085 比较行星学 comparative planetology
比较行星和大天然卫星现今的物理和化学环境，来了解地球和行星的起源和演化的学科。

10.086 提丢斯－波得定则 Titius-Bode's law
行星与太阳平均距离的经验规律。它由波得首先提出，提丢斯进而推广。

10.087 行星磁层 planetary magnetosphere
由于太阳风与行星固有磁场的相互作用，而使行星磁场被禁锢的区域。其中充满了等离子体，磁层物质的物理性质与过程受行星磁场的支配。

10.088 行星气象学 planetary meteorology
研究行星和大天然卫星大气层的学科。

10.089 行星地质学 planetary geology
应用地质学原理，研究行星和大天然卫星的物质组成、结构、起源和演化的学科。

10.090 行星表面学 planetography

研究行星和天然卫星表面的形态特征、地理环境、结构和命名以及各种特征的位置和形状的学科。

10.091 行星面坐标 planetographic coordinate

确定行星表面各点位置的二维球面坐标。类似于地理坐标,常用经度和纬度作坐标。

10.092 大红斑 Great Red Spot

木星南半球的一个椭圆形大环流旋涡。它长二万多公里,宽一万多公里,至少已存活了 300 年之久。

10.093 大白斑 Great White Spot

土星表面赤道附近多次出现而又消失的一种卵形白斑。

10.094 大暗斑 Great Dark Spot

海王星表面最显著的特征,一个东西长约 16 000 公里的椭圆形暗黑区域。

10.095 星子 planetesimal

某些太阳系演化理论认为,在太阳系形成的初期,太阳赤道面附近的粒子团由于自吸引而收缩形成的天体。

10.096 前行星盘 preplanetary disk

在原太阳或恒星周围的气体尘埃盘,它瓦解后可能形成行星和卫星等天体。

10.097 原行星 protoplanet

行星的前身。某些太阳系演化学说认为星云首先凝聚成质量比现今的行星大几十倍甚至更大的天体,此后它的外部气体挥发或分裂,形成为现今的行星。

10.098 潮汐假说 tidal hypothesis

金斯 1916 年提出的关于太阳系形成的一种学说。假定有一个恒星曾经接近过太阳,恒星的潮汐力使太阳表面隆起,并脱离太阳。这些物质后来就形成为行星。

10.099 太阳系外行星系 extrasolar planetary system

太阳系以外围绕其它恒星运行的行星系统。

10.100 地月系统 earth-moon system

由地球和月球所构成的行星卫星系统。

10.101 范艾仑辐射带 Van Allen belt

被地球磁场捕获的高能带电粒子区。1958 年由美国科学家范艾仑在"探险者"1 号科学卫星上首先测量到该区域有强辐射,故此得名。这种强辐射是由高能的质子和电子等带电粒子沿磁力线回旋而发生的。

10.102 极光 aurora

行星高磁纬地区大气中产生的彩色发光现象。外来的高能带电粒子流沿行星固有磁场进入两磁极与高层大气的气体分子和原子碰撞,形成极光。

10.103 黄道光 zodiacal light

日落后在西方或日出前在东方肉眼可看到的沿黄道方向延伸的微弱光锥。它主要是由行星际尘埃散射太阳光而形成的。

10.104 对日照 counterglow, Gegenschein (德)

夜空中与太阳相反方向处的一个弥漫椭圆形暗弱的亮区。只有在无月晴夜和无光污染处才能看到。

10.105 夜光云 noctilucent cloud

高纬度地区夏季黎明或黄昏(其时太阳在地平下 6°—16°,高层大气不再被阳光照射到)时看到的银白色云彩,呈波状。它一般出现在大气的中间层顶附近。

10.106 夜天光 night glow, night sky light

夜间无阳光照射时高层大气产生的光辐射现象。

10.107 月球 moon
又称“月亮”。地球唯一的天然卫星。

10.108 月球正面 near side of the moon
月球总是以固定半个球面对向地球,这半个球面称月球正面。

10.109 月球背面 far side of the moon
背向地球的月球半个球面。

10.110 月球学 selenology
研究月球的性质和演变的科学。

10.111 月面学 selenography
又称“月志学(lunar topography)”。研究月球表面形态特征、地理环境、结构和命名以及月面各种特征的位置、形状的学科。

10.112 月质学 lunar geology
研究月球的物质组成、结构、起源和演化的学科。

10.113 月球起源说 selenogony
研究月球何时以何种形式构成而后又如何演变的一门学科。

10.114 月面坐标 selenographic coordinate
确定月球表面位置的二维球面坐标。常用月面经度和月面纬度作坐标。

10.115 流星 meteor, shooting star
流星体以几十公里每秒的速度穿入地球大气层而产生的发光现象。

10.116 火流星 bolide, fireball
较大的流星体在高层大气中未烧完而进入低层大气中继续燃烧时产生的发光现象。它不但特别明亮,有时还会有声响。

10.117 流星余迹 meteor trail
流星经过的路径上遗留下的云雾状电离气体长带。其寿命为百分之几秒到几分钟。

10.118 流星雨 meteor shower
流星群和地球相遇时,人们会看到某个天区的流星明显增多的现象。

10.119 辐射点 radiant
发生流星雨现象时,许多流星的轨迹都象从天空中的某一点向四周散射开来,这一点称流星雨的辐射点。

10.120 微流星体 micrometeoroid
大小不超过 0.1mm,质量不超过百万分之一克的微小流星体。它们进入地球大气中不会产生发光现象。

10.121 陨星 meteorite
又称“陨石”。从行星际空间穿过地球大气层而陨落到地球表面上的天然固态物体。

10.122 陨星雨 meteorite shower
又称“陨石雨”。有的陨星在大气中爆裂成碎块后陨落的现象。

10.123 陨星撞迹 astrobleme
小天体陨击行星或卫星表面后遗留下来的痕迹。

10.124 陨星坑 meteorite crater
又称“陨击坑”。小天体高速撞击行星或卫星表面后所形成的圆形坑构造。

10.125 环形山 crater
(1) 较大的陨星坑。(2) 行星或卫星表面大陨星坑四周的环形山脉。它往往高出周围表面数百或数千米。

10.126 微陨星 micrometeorite
降落到地面上的宇宙物质极小颗粒。它们有的是漂落到地面上的微流星体,有的则是陨星陨落时掉下的碎屑。

10.127 陨星学 meteoritics
研究陨星的一门学科。

第 二 部 分

11. 表1 星座

序码	汉文名	国际通用名	所有格	简号
11.001	仙女座	Andromeda	Andromedae	And
11.002	唧筒座	Antlia	Antliae	Ant
11.003	天燕座	Apus	Apodis	Aps
11.004	宝瓶座	Aquarius	Aquarii	Aqr
11.005	天鹰座	Aquila	Aquilae	Aql
11.006	天坛座	Ara	Arae	Ara
11.007	白羊座	Aries	Arietis	Ari
11.008	御夫座	Auriga	Aurigae	Aur
11.009	牧夫座	Bootes	Bootis	Boo
11.010	雕具座	Caelum	Caeli	Cae
11.011	鹿豹座	Camelopardalis, Camelopardus	Camelopardalis, Camelopardi	Cam
11.012	巨蟹座	Cancer	Cancri	Cnc
11.013	猎犬座	Canes Venatici	Canum Venaticorum	CVn
11.014	大犬座	Canis Major	Canis Majoris	CMa
11.015	小犬座	Canis Minor	Canis Minoris	CMi
11.016	摩羯座	Capricornus	Capricorni	Cap
11.017	船底座	Carina	Carinae	Car
11.018	仙后座	Cassiopeia	Cassiopeiae	Cas
11.019	半人马座	Centaurus	Centauri	Cen
11.020	仙王座	Cepheus	Cephei	Cep
11.021	鲸鱼座	Cetus	Ceti	Cet
11.022	蝘蜓座	Chamaeleon	Chamaeleontis	Cha
11.023	圆规座	Circinus	Circini	Cir
11.024	天鸽座	Columba	Columbae	Col
11.025	后发座	Coma Berenices	Comae Berenices	Com
11.026	南冕座	Corona Australis, Corona Austrina, Corona Austrinus	Coronae Australis, Coronae Austrinae, Coronae Austrini	CrA
11.027	北冕座	Corona Borealis	Coronae Borealis	CrB
11.028	乌鸦座	Corvus	Corvi	Crv
11.029	巨爵座	Crater	Crateris	Crt
11.030	南十字座	Crux	Crucis	Cru
11.031	天鹅座	Cygnus	Cygni	Cyg

序　码	汉　文　名	国际通用名	所有格	简　号
11.032	海豚座	Delphinus	Delphini	Del
11.033	剑鱼座	Dorado	Doradus	Dor
11.034	天龙座	Draco	Draconis	Dra
11.035	小马座	Equuleus	Equulei	Equ
11.036	波江座	Eridanus	Eridani	Eri
11.037	天炉座	Fornax	Fornacis	For
11.038	双子座	Gemini	Geminorum	Gem
11.039	天鹤座	Grus	Gruis	Gru
11.040	武仙座	Hercules	Herculis	Her
11.041	时钟座	Horologium	Horologii	Hor
11.042	长蛇座	Hydra	Hydrae	Hya
11.043	水蛇座	Hydrus	Hydri	Hyi
11.044	印第安座	Indus	Indi	Ind
11.045	蝎虎座	Lacerta	Lacertae	Lac
11.046	狮子座	Leo	Leonis	Leo
11.047	小狮座	Leo Minor	Leonis Minoris	LMi
11.048	天兔座	Lepus	Leporis	Lep
11.049	天秤座	Libra	Librae	Lib
11.050	豺狼座	Lupus	Lupi	Lup
11.051	天猫座	Lynx	Lyncis	Lyn
11.052	天琴座	Lyra	Lyrae	Lyr
11.053	山案座	Mensa	Mensae	Men
11.054	显微镜座	Microscopium	Microscopii	Mic
11.055	麒麟座	Monoceros	Monocerotis	Mon
11.056	苍蝇座	Musca	Muscae	Mus
11.057	矩尺座	Norma	Normae	Nor
11.058	南极座	Octans	Octantis	Oct
11.059	蛇夫座	Ophiuchus	Ophiuchi	Oph
11.060	猎户座	Orion	Orionis	Ori
11.061	孔雀座	Pavo	Pavonis	Pav
11.062	飞马座	Pegasus	Pegasi	Peg
11.063	英仙座	Perseus	Persei	Per
11.064	凤凰座	Phoenix	Phoenicis	Phe
11.065	绘架座	Pictor	Pictoris	Pic
11.066	双鱼座	Pisces	Piscium	Psc
11.067	南鱼座	Piscis Austrinus	Piscis Austrini	PsA
11.068	船尾座	Puppis	Puppis	Pup
11.069	罗盘座	Pyxis	Pyxidis	Pyx

序　码	汉　文　名	国际通用名	所有格	简　号
11.070	网罟座	Reticulum	Reticuli	Ret
11.071	天箭座	Sagitta	Sagittae	Sge
11.072	人马座	Sagittarius	Sagittarii	Sgr
11.073	天蝎座	Scorpius	Scorpii	Sco
11.074	玉夫座	Sculptor	Sculptoris	Scl
11.075	盾牌座	Scutum	Scuti	Sct
11.076	巨蛇座	Serpens	Serpentis	Ser
11.077	六分仪座	Sextans	Sextantis	Sex
11.078	金牛座	Taurus	Tauri	Tau
11.079	望远镜座	Telescopium	Telescopii	Tel
11.080	三角座	Triangulum	Trianguli	Tri
11.081	南三角座	Triangulum Australe	Trianguli Australis	TrA
11.082	杜鹃座	Tucana	Tucanae	Tuc
11.083	大熊座	Ursa Major	Ursae Majoris	UMa
11.084	小熊座	Ursa Minor	Ursae Minoris	UMi
11.085	船帆座	Vela	Velorum	Vel
11.086	室女座	Virgo	Virginis	Vir
11.087	飞鱼座	Volans	Volantis	Vol
11.088	狐狸座	Vulpecula	Vulpeculae	Vul

12. 表 2　黄道十二宫

序　码	汉　文　名	国际通用名	明,清用名
12.001	白羊宫	Aries	降娄　戌宫
12.002	金牛宫	Taurus	大梁　酉宫
12.003	双子宫	Gemini	实沈　申宫
12.004	巨蟹宫	Cancer	鹑首　未宫
12.005	狮子宫	Leo	鹑火　午宫
12.006	室女宫	Virgo	鹑尾　巳宫
12.007	天秤宫	Libra	寿星　辰宫
12.008	天蝎宫	Scorpius	大火　卯宫
12.009	人马宫	Sagittarius	析木　寅宫
12.010	摩羯宫	Capricornus	星纪　丑宫
12.011	宝瓶宫	Aquarius	玄枵　子宫
12.012	双鱼宫	Pisces	娵訾　亥宫

13. 表 3　二十四节气

序　码	汉　文　名	英　文　名
13.001	立春	Beginning of Spring, Spring Beginning
13.002	雨水	Rain Water
13.003	惊蛰	Awakening from Hibernation
13.004	春分	Vernal Equinox, Spring Equinox
13.005	清明	Fresh Green
13.006	谷雨	Grain Rain
13.007	立夏	Beginning of Summer
13.008	小满	Lesser Fullness
13.009	芒种	Grain in Ear
13.010	夏至	Summer Solstice
13.011	小暑	Lesser Heat
13.012	大暑	Greater Heat
13.013	立秋	Beginning of Autumn
13.014	处暑	End of Heat
13.015	白露	White Dew
13.016	秋分	Autumnal Equinox
13.017	寒露	Cold Dew
13.018	霜降	First Frost
13.019	立冬	Beginning of Winter
13.020	小雪	Light Snow
13.021	大雪	Heavy Snow
13.022	冬至	Winter Solstice
13.023	小寒	Lesser Cold
13.024	大寒	Greater Cold

14. 表 4　星系

序　码	汉　文　名	英　文　名
14.001	室女超星系团	Virgo Supercluster
14.002	牧夫巨洞	Bootes void
14.003	室女星系团	Virgo Cluster
14.004	后发星系团	Coma Cluster
14.005	武仙星系团	Hercules Cluster

序　码	汉　文　名	英　文　名
14.006	北冕星系团	Corona Borealis Cluster
14.007	仙女次星系群	Andromeda Subgroup
14.008	仙女星系	Andromeda Galaxy (M31, NGC 224)
14.009	三角星系	Triangulum Galaxy (M33, NGC 598)
14.010	天龙星系	Draco System
14.011	天炉星系	Fornax System
14.012	玉夫星系	Sculptor System
14.013	小熊星系	Ursa Minor Galaxy
14.014	人马星系	Sagittarius Galaxy
14.015	狮子双重星系	Leo Systems
14.016	狮子三重星系	Leo Triplet
14.017	天鹤四重星系	Grus Quartet
14.018	斯蒂芬五重星系	Stephan's Quintet
14.019	赛弗特六重星系	Seyfert's Sextet
14.020	科普兰七重星系	Copeland's Septet
14.021	马费伊 1	Maffei 1
14.022	马费伊 2	Maffei 2
14.023	巴纳德星系	Barnard's Galaxy (NGC 6822)
14.024	麦哲伦云	Magellanic Clouds
14.025	大麦云	Large Magellanic Cloud (LMC)
14.026	小麦云	Small Magellanic Cloud (SMC)
14.027	微麦云	Mini Magellanic Cloud (MMC)
14.028	草帽星系	Sombrero Galaxy (M104, NGC 4594)
14.029	葵花星系	Sunflower Galaxy (M63)
14.030	黑眼星系	Black-eye Galaxy (M64)
14.031	车轮星系	Cartwheel Galaxy (A0035-335)
14.032	螺旋星系	Helix Galaxy (NGC 2685)
14.033	涡状星系	Whirlpool Galaxy (M51, NGC 5194)
14.034	纺锤状星系	Spindle Galaxy (NGC 3115)
14.035	积分号星系	Integral Sign Galaxy (UGC 3697)

15. 表 5　星团

序　码	汉　文　名	英　文　名
15.001	昴星团	Pleiades
15.002	毕星团	Hyades
15.003	鬼星团	Praesepe

序码	汉文名	英文名
15.004	金牛星团	Taurus Cluster
15.005	大熊星团	Ursa Major Cluster
15.006	大熊星群	Ursa Major Group
15.007	大角星群	Arcturus Group
15.008	毕星群	Hyades Group
15.009	奥斯特霍夫星群	Oosterhoff Group
15.010	猎户星集	Orion Aggregate
15.011	猎户四边形星团	Trapezium Cluster
15.012	英仙 α 星团	α Per Cluster
15.013	英仙 h 星团	h Per Cluster
15.014	英仙 χ 星团	χ Per Cluster
15.015	武仙大星团	Great Cluster of Hercules
15.016	天蝎－半人马星协	Sco-Cen Association
15.017	猎户星协	Orion Association
15.018	宝盒星团	Jewel Box (NGC 4755)
15.019	野鸭星团	Wild Duck Cluster (M11)
15.020	夜枭星团	Owl Cluster (NGC 457)
15.021	圣诞树星团	Christmas Tree Cluster (NGC 2264)

16. 表 6 星云

序码	汉文名	英文名
16.001	人马恒星云	Sagittarius Star Cloud
16.002	天鹅圈	Cygnus Loop (NGC 6960/95)
16.003	豺狼圈	Lupus Loop
16.004	麒麟圈	Monoceros Loop
16.005	巴纳德圈	Barnard's Loop
16.006	煤袋	Coalsack
16.007	北煤袋	North Coalsack
16.008	南煤袋	South Coalsack
16.009	银河大暗隙	Great Rift
16.010	船底星云	Carina Nebula (NGC 3372)
16.011	猎户星云	Orion Nebula (M42)
16.012	马头星云	Horsehead Nebula (Barnard 33)
16.013	马蹄星云	Horseshoe Nebula, ω Nebula, Swan Nebula (M17, NGC 6618)

序　码	汉　文　名	英　文　名
16.014	夜枭星云	Owl Nebula (M97)
16.015	蜘蛛星云	Tarantula Nebula (NGC 2070)
16.016	蟹状星云	Crab Nebula (M1)
16.017	鹈鹕星云	Pelican Nebula (IC 5067/68/70)
16.018	沙漏星云	Hourglass Nebula
16.019	哑铃星云	Dumbbell Nebula (M27)
16.020	钥匙孔星云	Keyhole Nebula
16.021	三叶星云	Trifid Nebula (M20)
16.022	玫瑰星云	Rosette Nebula (NGC 2237 – 2244)
16.023	螺旋星云	Helix Nebula (NGC 7293)
16.024	礁湖星云	Lagoon Nebula (M8)
16.025	帷幕星云	Veil Nebula (NGC 6992)
16.026	土星状星云	Saturn Nebula (NGC 7009)
16.027	加利福尼亚星云	California Nebula (IC 1499)
16.028	北美洲星云	North America Nebula (NGC 7000)
16.029	大圈星云	Great Looped Nebula (NGC 2070)
16.030	蛋状星云	Egg Nebula (AFGL 2688)
16.031	鹰状星云	Eagle Nebula (M16)
16.032	猫眼星云	Cat's Eye Nebula (NGC 6543)
16.033	环状星云	Ring Nebula (M57)
16.034	蛾眉月星云	Crescent Nebula (NGC 6888)
16.035	爱斯基摩星云	Eskimo Nebula (NGC 2392)
16.036	古姆星云	Gum Nebula
16.037	欣德星云	Hind's Nebula (NGC 1554/55)
16.038	哈勃星云	Hubble's Nebula (NGC 2261)
16.039	金牛分子云	Taurus Molecular Cloud (TMC)
16.040	巨蛇分子云	Serpens Molecular Cloud (SMC)
16.041	玫瑰分子云	Rosette Molecular Cloud (RMC)
16.042	双子 γ 射线源	Geminga (2CG 195 + 04)

17. 表 7　恒星

序　码	汉　文　名	国际通用名
17.001	天狼(大犬 α)	Sirius (α CMa)
17.002	老人(船底 α)	Canopus (α Car)
17.003	南门二(半人马 α)	Rigil Kent (α Cen)
17.004	大角(牧夫 α)	Arcturus (α Boo)

序　码	汉 文 名	国际通用名
17.005	织女一(织女星)(天琴 α)	Vega (α Lyr)
17.006	五车二(御夫 α)	Capella (α Aur)
17.007	参宿七(猎户 β)	Rigel (β Ori)
17.008	参宿四(猎户 α)	Betelgeuse (α Ori)
17.009	南河三(小犬 α)	Procyon (α CMi)
17.010	水委一(波江 α)	Achernar (α Eri)
17.011	马腹一(半人马 β)	Hadar (β Cen)
17.012	河鼓二(牛郎星,牵牛星)(天鹰 α)	Altair (α Aql)
17.013	毕宿五(金牛 α)	Aldebaran (α Tau)
17.014	十字架二(南十字 α)	Acrux (α Cru)
17.015	心宿二(大火)(天蝎 α)	Antares (α Sco)
17.016	角宿一(室女 α)	Spica (α Vir)
17.017	北河三(双子 β)	Pollux (β Gem)
17.018	北落师门(南鱼 α)	Fomalhaut (α PsA)
17.019	十字架三(南十字 β)	Mimosa (β Cru)
17.020	天津四(天鹅 α)	Deneb (α Cyg)
17.021	轩辕十四(狮子 α)	Regulus (α Leo)
17.022	北河二(双子 α)	Castor (α Gem)
17.023	大陵五(英仙 β)	Algol (β Per)
17.024	北极星(勾陈一)(小熊 α)	Polaris (α UMi)
17.025	北斗星	Big Dipper
17.026	北斗一(天枢)(大熊 α)	Dubhe (α UMa)
17.027	北斗二(天璇)(大熊 β)	Merak (β UMa)
17.028	北斗三(天玑)(大熊 γ)	Phad (γ UMa)
17.029	北斗四(天权)(大熊 δ)	Megrez (δ UMa)
17.030	北斗五(玉衡)(大熊 ε)	Alioth (ε UMa)
17.031	北斗六(开阳)(大熊 ζ)	Mizar (ζ UMa)
17.032	北斗七(摇光)(大熊 η)	Alkaid (η UMa)
17.033	辅(大熊 80)	Alcor (80 UMa)
17.034	蒭藁增二(鲸鱼 o)	Mira (o Cet)
17.035	昴宿六(金牛 η)	Alcyone (η Tau)
17.036	昴宿四(金牛 20)	Maia (20 Tau)
17.037	昴宿增十二(金牛 28)	Pleione (28 Tau)
17.038	蟹云脉冲星	Crab pulsar (PSR 0531+21)
17.039	船帆脉冲星	Vela pulsar (PSR 0833−45)
17.040	巴纳德星	Barnard's star
17.041	卡普坦星	Kapteyn's star

序　码	汉　文　名	国际通用名
17.042	柯伊伯星	Kuiper's star
17.043	普拉斯基特星	Plaskett's star (HD 47129)
17.044	特朗普勒星	Trumpler star
17.045	范玛宁星	van Maanen's star

18. 表8　天然卫星

序　码	汉　文　名	国际通用名
18.001	火卫一	Phobos
18.002	火卫二	Deimos
18.003	木卫一	Io
18.004	木卫二	Europa
18.005	木卫三	Ganymede
18.006	木卫四	Callisto
18.007	木卫五	Amalthea
18.008	木卫六	Himalia
18.009	木卫七	Elara
18.010	木卫八	Pasiphae
18.011	木卫九	Sinope
18.012	木卫十	Lysithea
18.013	木卫十一	Carme
18.014	木卫十二	Ananke
18.015	木卫十三	Leda
18.016	木卫十四	Thebe
18.017	木卫十五	Adrasteia
18.018	木卫十六	Metis
18.019	土卫一	Mimas
18.020	土卫二	Enceladus
18.021	土卫三	Tethys
18.022	土卫四	Dione
18.023	土卫五	Rhea
18.024	土卫六	Titan
18.025	土卫七	Hyperion
18.026	土卫八	Iapetus
18.027	土卫九	Phoebe
18.028	土卫十	Janus
18.029	土卫十一	Epimetheus

序　码	汉　文　名	国际通用名
18.030	土卫十二	Helene
18.031	土卫十三	Telesto
18.032	土卫十四	Calypso
18.033	土卫十五	Atlas
18.034	土卫十六	Prometheus
18.035	土卫十七	Pandora
18.036	土卫十八	Pan
18.037	天卫一	Ariel
18.038	天卫二	Umbriel
18.039	天卫三	Titania
18.040	天卫四	Oberon
18.041	天卫五	Miranda
18.042	天卫六	Cordelia
18.043	天卫七	Ophelia
18.044	天卫八	Bianca
18.045	天卫九	Cressida
18.046	天卫十	Desdemona
18.047	天卫十一	Juliet
18.048	天卫十二	Portia
18.049	天卫十三	Rosalind
18.050	天卫十四	Belinda
18.051	天卫十五	Puck
18.052	天卫十六	Caliban
18.053	天卫十七	Sycorax
18.054	海卫一	Triton
18.055	海卫二	Nereid
18.056	海卫三	Naiad
18.057	海卫四	Thalassa
18.058	海卫五	Despina
18.059	海卫六	Galatea
18.060	海卫七	Larissa
18.061	海卫八	Proteus
18.062	冥卫	Charon

19. 表9 月面

(一)月球正面

序 码	汉 文 名	国际通用名
19.001	武仙角	Cap Herculis
19.002	梦湖	Lacus Somniorum
19.003	危海	Mare Crisium
19.004	丰富海	Mare Foecunditatis
19.005	冷海	Mare Frigoris
19.006	湿海	Mare Humorum
19.007	雨海	Mare Imbrium
19.008	酒海	Mare Nectaris
19.009	云海	Mare Nubium
19.010	澄海	Mare Serenitatis
19.011	静海	Mare Tranquilitatis
19.012	浪海	Mare Undarum
19.013	汽海	Mare Vaporum
19.014	阿尔卑斯山脉	Montes Alps
19.015	阿尔泰山脉	Montes Altai
19.016	亚平宁山脉	Montes Apenninae
19.017	高加索山脉	Montes Caucasus
19.018	金牛山脉	Montes Taurus
19.019	风暴洋	Oceanus Procellarum
19.020	雾沼	Palus Nebularum
19.021	凋沼	Palus Putredinis
19.022	拉普拉斯岬	Promontorium Laplace
19.023	浪湾	Sinus Aestuum
19.024	虹湾	Sinus Iridum
19.025	中央湾	Sinus Medii
19.026	露湾	Sinus Roris
19.027	贝塞尔环形山	Bessel
19.028	哥白尼环形山	Copernicus
19.029	欧拉环形山	Euler
19.030	法拉第环形山	Faraday
19.031	高斯环形山	Gauss
19.032	哈雷环形山	Halley
19.033	赫歇尔环形山	Herschel

序　码	汉　文　名	国际通用名
19.034	依巴谷环形山	Hipparchus
19.035	开普勒环形山	Kepler
19.036	拉格朗日环形山	Lagrange
19.037	梅西叶环形山	Messier
19.038	第谷环形山	Tycho

(二)月球背面

序　码	汉　文　名	国际通用名
19.039	齐奥尔科夫斯基环形山	Tsiolkovskii
19.040	罗蒙诺索夫环形山	Lomonosov
19.041	约里奥－居里环形山	Joliot－Curie
19.042	莫斯科海	Sea of Moscow
19.043	梦海	Sea of Dreams
19.044	苏维埃山脉	Soviet Mountains
19.045	宇航员湾	Bay of Astronauts

20．表 10　流星群

序　码	汉　文　名	国际通用名
20.001	仙女流星群	Andromedids
20.002	宝瓶流星群	Aquarids
20.003	白羊流星群	Arietids
20.004	比拉流星群	Bielids
20.005	牧夫流星群	Bootids
20.006	仙后流星群	Cassiopeids
20.007	鲸鱼流星群	Cetids
20.008	天龙流星群	Draconids
20.009	双子流星群	Geminids
20.010	狮子流星群	Leonids
20.011	天秤流星群	Librids
20.012	天琴流星群	Lyrids
20.013	麒麟流星群	Monocerids
20.014	猎户流星群	Orionids
20.015	英仙流星群	Perseids
20.016	象限仪流星群	Quadrantids
20.017	玉夫流星群	Sculptorids
20.018	金牛流星群	Taurids
20.019	小熊流星群	Ursids

英 文 索 引

A

B

C

D

E

F

G

H

I

J

K

L

M

N

O

P

Q

R

S

T

U

V

W

X

Y

Z

中 文 索 引

A

B

C

D

E

F

G

H

J

K

L

O

P

Q

R

S

T

W

X

Y

Z